Jochen Kreusch



# 250 Textaufgaben

## Besser in Mathematik

mit 24 S. Lösungsheft

5.–10. Klasse

Cornelsen
SCRIPTOR

**Der Autor:**
Jochen Kreutsch ist ein erfahrener Mathematiklehrer, hat sich besonders mit der Didaktik von Textaufgaben beschäftigt und unterrichtet an einem Gymnasium.

**www.cornelsen.de**

**Bibliografische Information:**
Die Deutsche Bibliothek verzeichnet diese Publikation in der Deutschen Nationalbibliografie; detaillierte bibliografische Daten sind im Internet über http://dnb.ddb.de abrufbar.

1. Auflage 2010

Projektleitung: Stefan Giertzsch, Berlin
Redaktion: Ulrike Klein, Berlin
Reihengestaltung: tiff.any GmbH, Berlin
Satz, Layout und Sachzeichnungen: R.J.Fischer, Berlin
Umschlaggestaltung: Patricia Müller, Torsten Lemme, beide Berlin
Druck und Bindearbeiten: orthdruk, Bialystok, Polen
Printed in Poland
ISBN 978-3-589-23126-3

Gedruckt auf säurefreiem Papier,
umweltschonend hergestellt aus chlorfrei gebleichten Faserstoffen.

Liebe Schülerin, lieber Schüler,

dieser Band der Reihe „Besser in Mathematik" hilft dir, Textaufgaben besser zu bewältigen. Textaufgaben sind ein wichtiger Teil des Mathe-Unterrichts, und bei modernen Unterrichtskonzepten werden sie immer wichtiger. Gleichzeitig gelten sie als „schwer" – findest du das auch? Das muss nicht sein, denn mit ein paar Tipps und etwas Übung wirst du auch Textaufgaben durchschauen. Eigentlich sind Textaufgaben die Aufgabenform, in der Mathematik am meisten mit dem Alltagsleben zu tun hat. Mathematik braucht man oft in ganz unterschiedlichen Situationen, aber üblicherweise muss man dann selbst ein bisschen überlegen, was genau berechnet werden soll. Das übt man mit Textaufgaben.

**In diesem Buch findest du:**

- die wichtigsten Formeln für jede Klassenstufe
- kurze Einführungen in die Themengebiete
- Tipps, wie du an Aufgaben am besten herangehst und durchgerechnete Beispielaufgaben
  und schließlich
- Übungen, Übungen, Übungen

Die Aufgaben sind nach Klassenstufen geordnet. Je nachdem, wie deine Lehrerin oder dein Lehrer vorgeht, kannst du wichtige Übungen aber auch in dem Kapitel für die Klasse über oder unter dir finden. Wenn du Textaufgaben bisher immer ganz schrecklich fandest, fange vielleicht mit ein paar Aufgaben aus der 5. Klasse an, selbst wenn du schon zwei oder drei Jahre weiter bist. Auf diese Art und Weise kannst du dich in die Thematik einarbeiten. Am Ende jedes Kapitels findest du einen Test, der typische Aufgaben einer Klassenarbeit stellt. Hier werden auch Grundlagen abgefragt, die man zum Bewältigen der Textaufgaben braucht. Hinter jeder Aufgabe stehen Punkte, du kannst also in etwa abschätzen, wie schwierig die Aufgabe ist. Insgesamt sind in den Tests aber mehr Aufgaben als in einer Klassenarbeit – du sollst ja Stoff zum üben haben. Im Lösungsheft kannst du vergleichen, ob deine Lösung stimmt. Vor den Aufgaben findest du Tipps, die beim Lösen weiterhelfen. Ganz allgemein gilt für alle Textaufgaben:

**Tipps**

- Lies dir den Aufgabentext sehr sorgfältig durch, möglicherweise auch mehrmals.
- Überlege, was genau gesucht ist und welche Angaben im Text gegeben sind.
- Überlege, welche Formeln und Rechenmethoden du brauchst. Schaue in den Formeln zu Beginn jedes Kapitels nach oder nutze deine Aufzeichnungen, dein Mathebuch oder andere Formelsammlungen.
- Wenn du eine Lösung ausgerechnet hast, schaue immer, ob sie im Zusammenhang der Aufgabe sinnvoll ist. Eltern können nicht jünger sein als ihre Kinder, Teilstrecken

nicht länger als die gesamte Strecke, Vorgänge können nicht aufhören, bevor sie angefangen haben. Wenn du solche Ergebnisse bekommst, hast du dich vielleicht verrechnet. Vielleicht ist die Aufgabe aber auch gar nicht lösbar – das kommt vor.

▷ Schreibe am Schluss immer einen Antwortsatz. Das Lösungsheft zu diesem Buch will dir nur ermöglichen, deine Lösung zu überprüfen und lässt ihn daher oft weg. Zu einer vollständigen Lösung einer Textaufgabe gehört er aber dazu.

*Viel Spaß und Erfolg beim Lernen!*

## Testauswertungen

Mit den Tests kannst du deine Fertigkeiten gut kontrollieren.

**5. Klasse**, Gesamtpunktzahl: 34
Hast du mehr als 30 Punkte, beherrschst du den Inhalt des Kapitels wirklich gut. Erreichst du weniger als 17 Punkte, solltest du wiederholen, was dir besonders schwer gefallen ist.

**6. Klasse**, Gesamtpunktzahl: 43
Hast du mehr als 39 Punkte, beherrschst du den Inhalt des Kapitels wirklich gut. Erreichst du weniger als 21 Punkte, solltest du wiederholen, was dir besonders schwer gefallen ist.

**7. Klasse**, Gesamtpunktzahl: 49
Hast du mehr als 45 Punkte, beherrschst du den Inhalt des Kapitels wirklich gut. Erreichst du weniger als 24 Punkte, solltest du wiederholen, was dir besonders schwer gefallen ist.

**8. Klasse**, Gesamtpunktzahl: 50
Hast du mehr als 46 Punkte, beherrschst du den Inhalt des Kapitels wirklich gut. Erreichst du weniger als 25 Punkte, solltest du wiederholen, was dir besonders schwer gefallen ist.

**9. Klasse**, Gesamtpunktzahl: 52
Hast du mehr als 48 Punkte, beherrschst du den Inhalt des Kapitels wirklich gut. Erreichst du weniger als 26 Punkte, solltest du wiederholen, was dir besonders schwer gefallen ist.

**10. Klasse**, Gesamtpunktzahl: 57
Hast du mehr als 52 Punkte, beherrschst du den Inhalt des Kapitels wirklich gut. Erreichst du weniger als 28 Punkte, solltest du wiederholen, was dir besonders schwer gefallen ist.

# Textaufgaben für die 5. Klasse

## Die vier Grundrechenarten

### Bezeichnungen

**Addition**
Summand + Summand = Summe

**Subtraktion**
Minuend – Subtrahend = Differenz

**Multiplikation**
Faktor · Faktor = Produkt

**Division**
Dividend : Divisor = Quotient

### Rechenregeln

Punktrechnung geht vor Strichrechnung.
**Beispiel:** $5 \cdot 2 + 15 : 3 = 10 + 5 = 15$

Rechnungen in Klammern werden zuerst ausgeführt.
**Beispiel:** $25 : (10 - 5) = 25 : 5 = 5$

### Einheiten

**Länge**
1 km = 1000 m
1 m = 10 dm
1 dm = 10 cm
1 cm = 10 mm

**Fläche**
1 $km^2$ = 100 ha
1 ha = 100 a
1 a = 100 $m^2$
1 $m^2$ = 100 $dm^2$
1 $dm^2$ = 100 $cm^2$
1 $cm^2$ = 100 $mm^2$

**Volumen**
1 $km^3$ = 1 000 000 000 $m^3$
1 $m^3$ = 1000 $dm^3$
1 $dm^3$ = 1000 $cm^3$
1 $cm^3$ = 1000 $mm^3$

1 $dm^3$ = 1 l
1 $cm^3$ = 1 ml
1 l = 1000 ml
1 hl = 100 l

**Masse**
1 t = 1000 kg
1 kg = 1000 g
1 g = 1000 mg

**Zeit**
1 d = 24 h
1 h = 60 min
1 min = 60 s

## Vierecke

**Quadrat**
alle vier Winkel betragen 90°
alle Seiten sind gleich lang

**Rechteck**
alle vier Winkel betragen 90°
gegenüberliegende Seiten sind gleich lang

**Raute (Rhombus)**
alle vier Seiten sind gleich lang

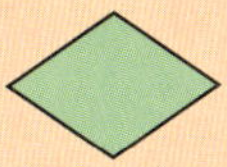

**Parallelogramm**
gegenüberliegende Seiten sind parallel

**Trapez**
zwei Seiten sind parallel zueinander

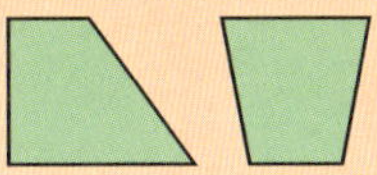

**Drachenviereck**
je zwei benachbarte Seiten sind gleich lang

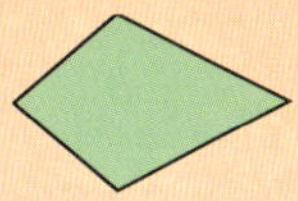

## Körper

**Würfel**
alle Kanten sind gleich lang
alle Winkel betragen 90°

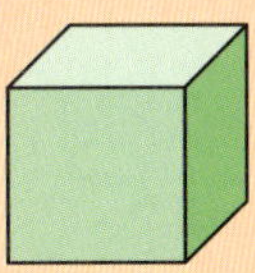

**Quader**
alle Winkel betragen 90°

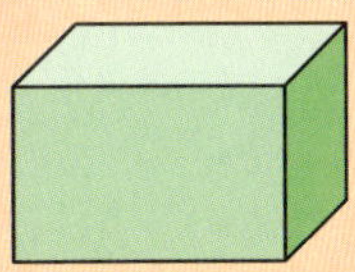

**Zylinder**

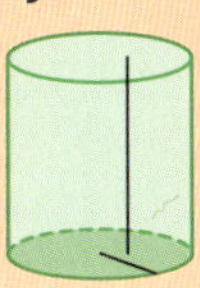

**Prisma**

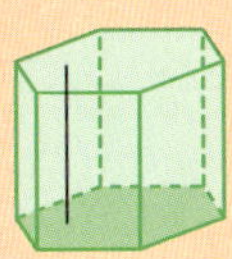

**Kugel**

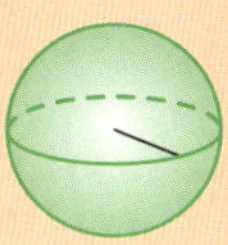

**Kegel**

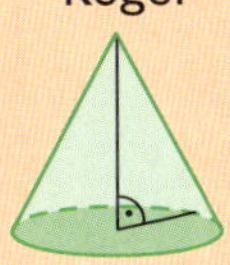

**Pyramide**

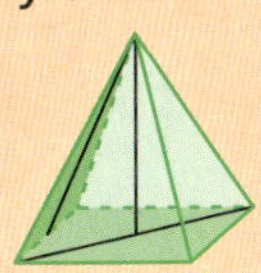

# 1 5. KLASSE

## 1.1 Rechnen mit natürlichen Zahlen

**Worum geht es?**

Aus einem Text musst du erkennen, welche Beziehung zwischen natürlichen Zahlen beschrieben wird und diese dann als Gleichung oder Ungleichung aufschreiben.

**Was du wissen und können solltest**

- ▷ Du solltest die mathematischen Fachbegriffe der Grundrechenarten kennen und richtig zuordnen können.
- ▷ Du solltest die schriftlichen Rechenverfahren bis zu 1 Million sicher beherrschen.
- ▷ Du solltest die Malfolgen bis 20 beherrschen (Kopfrechnen).
- ▷ Du solltest die Rechenregeln bei Aufgaben kennen, die mehrere Rechenschritte enthalten.

### 1.1.1 Addieren und Subtrahieren

**Erinnere dich!**

Addition (Umkehrung der Subtraktion):

$$17 + 44 = 61$$

1. Summand | 2. Summand | Ergebnis/Summe

addieren (hinzufügen, vermehren ...)

*Nachfolger* einer natürlichen Zahl $a$ ist $a + 1$.
*Vorgänger* einer natürlichen Zahl $a$ ist $a - 1$; $a \neq 0$.

**Beispiel:** $a = 145$ → Nachfolger ist $145 + 1 = 146$; Vorgänger ist $145 - 1 = 144$.

**Erinnere dich!**

Subtraktion (Umkehrung der Addition):

$$61 - 44 = 17$$

Minuend | Subtrahend | Ergebnis/Differenz

subtrahieren (abziehen, verringern, vermindern ...)

### Wie gehst du vor?

- ▷ Als Erstes musst du erkennen, welche *Rechenart* vorliegt. Dabei helfen die sogenannten „Signalwörter“:

| Signalwörter für die Addition | Signalwörter für die Subtraktion |
|---|---|
| addieren | subtrahieren |
| hinzufügen | vermindern |
| vermehren | abziehen |

- ▷ Danach überlegst du, welche der angegebenen Zahlen Summand, Minuend, Subtrahend, Summe oder Differenz ist und stellst den Zusammenhang als Gleichung dar.
- ▷ Schreibe alle Überlegungen und Lösungsschritte vollständig und übersichtlich auf.
- ▷ Aus der Gleichung kannst du dann die Lösung bestimmen und die gestellte Frage beantworten.

### Beispiele

Die Zahl 2304 wird um den Nachfolger von 1899 vermehrt. Wie lautet die Summe?
„Vermehrt“: Signalwort für Addition
1. Summand: 2304;
2. Summand: Nachfolger von 1899, also 1899 + 1 = 1900
2304 + 1900 = 4204
Die Summe ist 4204.

Vermindere 3770 um den Vorgänger von 1899.
Ermittle die Differenz.
„Vermindere“: Signalwort für Subtraktion
Minuend: 3770;
Subtrahend: Vorgänger von 1899, also 1899 - 1 = 1898
3770 - 1898 = 1872
Die Differenz ist 1872.

**1** **Die Differenz von zwei Zahlen ergibt 111. Dabei ist der Subtrahend 112. Wie heißt der Minuend?**

**2** **Welche Zahl muss man von 77 980 abziehen, um als Differenz 76 990 zu erhalten?**

**3** **Vom Nachfolger von 100 000 ist der Vorgänger von 100 000 abzuziehen. Welche Differenz ergibt sich?**

### 1.1.2 Multiplizieren und Dividieren

**Erinnere dich!**

Multiplikation (Umkehrung der Division):

34 · 12 = 408

1. Faktor | 2. Faktor | Ergebnis/Produkt
multiplizieren (vervielfachen)

Division (Umkehrung der Multiplikation):

408 : 34 = 12

Dividend | Divisor | Ergebnis/Quotient
dividieren (teilen)

**Wie gehst du vor?**

Die Vorgehensweise ähnelt der Lösungsstrategie bei Additions- und Subtraktionsaufgaben.

- ▷ Als Erstes musst du erkennen, welche Rechenart vorliegt. Dabei helfen die sogenannten „Signalwörter“:

**Signalwörter für die Multiplikation**
Vervielfache
Bilde das Produkt

**Signalwörter für die Division**
Teile
Ermittle den Quotienten

- ▷ Danach überlegst du, welche der angegebenen Zahlen Faktor, Produkt, Dividend, Divisor oder Quotient ist und stellst den Zusammenhang als Gleichung dar.
- ▷ Schreibe alle Überlegungen und Lösungsschritte vollständig und übersichtlich auf.
- ▷ Aus der Gleichung kannst du dann die Lösung bestimmen und die gestellte Frage beantworten.

**Beispiele**

Ein Vielfaches von 123 ergibt 369. Wie heißt der fehlende Faktor?
„Vielfaches“: Signalwort für Multiplikation
1. Faktor: 123; Produkt: 369
123 · ___ = 369 → 369 : 123 = 3
Der 2. Faktor ist 3.

Welche Zahl ergibt durch 10 geteilt 72?
„Geteilt“: Signalwort für Division
Divisor: 10; Quotient: 72
___ : 10 = 72 → 72 · 10 = 720
Der Dividend ist 720.

**4** **Das Produkt von 12, 10 und einer weiteren Zahl ist 480. Wie heißt der unbekannte Faktor?**

**5** **Wenn man eine bestimmte Zahl durch 45 teilt, ist der Quotient 40. Wie heißt der Dividend?**

### 1.1.3 Aufgaben mit allen vier Rechenarten

**Wie gehst du vor?**

- Da nun alle vier Rechenarten auftreten können, musst du den Aufgabentext noch genauer lesen und auf die Signalwörter achten.
- Rechenarten können auch miteinander verknüpft werden. Wenn du die Aufgabe als Gleichung darstellst, musst du zwischen Hauptrechenart und Nebenrechenart unterscheiden und die Regeln für die Verknüpfung von Rechenarten beachten: Regeln für Klammern und Punkt- vor Strichrechnung. Um den Überblick zu behalten, arbeite wie in den folgenden Beispielen mit farbigen Unterstreichungen.

**Beispiele**

Berechne das Produkt aus der Summe von 103 und 97 und der Differenz der beiden Zahlen.
Hauptrechnung: Produkt
Erster Faktor: 103 + 97 (Summe von 103 und 97)
Zweiter Faktor: 103 – 97 (Differenz aus 103 und 97)
(103 + 97) · (103 – 97) = 200 · 6 = 1200
Das Produkt ist 1200.

Ermittle die Differenz aus dem Produkt von 12 und 25 und der Zahl 299.
Hauptrechnung: Differenz
Minuend: 12 · 25 (Produkt von 12 und 25)
Subtrahend: 299
12 · 25 – 299 = 300 – 299 = 1
Die Differenz beträgt 1.

6 Ermittle den Quotienten aus der Summe von 1055 und 1050 und der Differenz beider Zahlen

7 Womit muss die Differenz von 3467 und 3447 vervielfacht werden, damit das Produkt 2200 ergibt?

8 Zum Produkt aus 17 und 15 ist eine Zahl so zu addieren, dass das Ergebnis 400 ist.

9 Wodurch ist 350 zu teilen, damit der Quotient gleich der Differenz von 17 und 12 ist?

10 Die Summe der Zahlen 111, 112 und 113 ist mit 5 zu multiplizieren.
Von diesem Produkt ist eine solche Zahl zu subtrahieren, dass die Differenz 11 ergibt.

## 1.2 Rechnen mit Größen

### Worum geht es?

Wird nicht nur mit Zahlen, sondern auch mit Größen gerechnet, so spricht man von Sachaufgaben. Solche Aufgaben kommen auch im Alltag vor. Wenn du sie bearbeitest, musst du auf zwei Dinge achten:

- ▷ Du musst immer überprüfen, ob deine Lösung auch einen praktischen Sinn ergibt und nicht im Widerspruch zum gegebenen Sachverhalt steht. (Nicht sinnvoll sind zum Beispiel Längen oder Altersangaben, die kleiner als Null sein sollen.)
- ▷ Überlege dir, mit welcher Genauigkeit das Endergebnis sinnvoll angegeben werden kann.
  Eine Angabe wie „Die Länge des Betonfertigteils beträgt 2000,875 mm“ ist unsinnig.

### Was du wissen und können solltest

- ▷ Du solltest die wichtigsten Einheiten für Länge, Fläche, Volumen, Geld und Zeit kennen und eine Vorstellung davon haben, wie groß diese Einheiten sind. Wie groß ist z. B. 1 ha oder 1 ml?
- ▷ Du solltest Größen umrechnen können.
- ▷ Du musst wesentliche Größen- oder Zahlenangaben im Aufgabentext von unwichtigen Angaben unterscheiden können.

### 1.2.1 Sachaufgaben zum Addieren und Subtrahieren

**Wie gehst du vor?**

- ▷ Rechne alle angegebenen Größen in vergleichbare Einheiten um (z. B. in m, $m^2$ und $m^3$).
- ▷ Überlege dir, welche Informationen du brauchst, welche Rechenarten du benutzen musst und stelle eine Gleichung auf.
- ▷ Überprüfe deine Lösung: Ist sie in dem Zusammenhang der Aufgabe sinnvoll?
- ▷ Schreibe einen Antwortsatz.

**Beispiel**

Jens kauft 3 Tage vor Schulbeginn Hefte für 375 Cent, Blöcke für 2,85 € und noch mehrere Buntstifte. Insgesamt bezahlt er 8,50 €.
Wie viele Cent kosteten die Buntstifte?

1. Schritt: Rechne alle Beträge in Euro um.
   Hefte: 3,75 €; Blöcke: 2,85 €; Gesamtbetrag: 8,50 €
2. Schritt: Ziehe die Kosten für Hefte und Blöcke von der Endsumme ab.
   8,50 € - 3,75 € - 2,85 € = 1,90 €
3. Schritt: Überprüfe, ob dein Ergebnis sinnvoll ist.
   Je nach Qualität und Packungsgröße kostet ein Buntstift etwa 0,25 € bis 1,00 €, 1,90 € für eine nicht genau bestimmte Anzahl ist also realistisch.
4. Schritt: Formuliere einen Antwortsatz.
   Die Buntstifte kosten 190 Cent.

**11** **Der Pritschen-LKW eines Baubetriebes kann höchstens 1,2 t Last tragen. Aufgeladen sind schon Ziegelsteine mit einer Gesamtmasse von 820 kg, 120 kg Zement in Säcken und 0,2 t Sand. Der LKW selbst wiegt 0,8 t.
Kann noch der Betonmischer mit einer Masse von 1,5 Zentner (1 Zentner sind 50 kg) mitgenommen werden – Platz genug wäre noch?**

**12** **Die Kosten einer Klassenfahrt (4 Tage, 3 Nächte) betragen:
Bahn und Bus: 231,55 €; Übernachtung in der Jugendherberge: 210,00 €; Verpflegung: 485,78 €; Museumsbesuch: 48,00 €; Dampferfahrt: 75,00 €.
Geplant waren 1000,00 € Gesamtkosten. Reicht das Geld?**

## 1.2.2 Sachaufgaben mit verschiedenen Rechenarten

**Wie gehst du vor?**

- ▷ Rechne alle angegebenen Größen in vergleichbare Einheiten um (z. B. in m, $m^2$ und $m^3$).
- ▷ Überlege dir, welche Rechenarten du benutzen musst und stelle eine Gleichung auf. Beachte, in welcher Reihenfolge die einzelnen Rechnungen durchgeführt werden müssen.
- ▷ Mache zunächst eine Überschlagsrechnung, vergleiche dein Ergebnis dann mit dem Überschlag.
- ▷ Überprüfe deine Lösung: Ist sie in dem Zusammenhang der Aufgabe sinnvoll?
- ▷ Schreibe einen Antwortsatz.

**Beispiel**

Herr Menzel kauft im Baumarkt 60 Wegeplatten in der Abmessung 20 cm x 25 cm. Eine solche Platte hat eine Masse von 3,1 kg und kostet 8,75 €.

a) Wie viele Euro muss Herr Menzel zahlen?

b) Kann er die Platten im Kofferraum seines PKW-Kombi transportieren (Platz ist vorhanden)?

c) Wie viele Meter Gartenweg kann Herr Menzel mit den Platten auslegen, wenn er jeweils 2 Platten nebeneinander legen möchte? Gib verschiedene Möglichkeiten an.

**Hinweise zum Rechenweg:**

zu a)
1. Schritt: Eine Überschlagsrechnung ergibt 60 · 9 € = 540 €
2. Schritt: 8,75 € in Cent umwandeln: 8,75 € = 875 Cent
3. Schritt: Multiplikation: 60 · 875 Cent = 52 500 Cent; 52 500 Cent = 525 €
4. Schritt: Vergleich mit dem Überschlag
5. Schritt: Antwortsatz

zu b)
Der 1. Schritt bis 4. Schritt verläuft analog zu Aufgabenteil a.
5. Schritt: Die Platten wiegen 186 kg. Ein Auto, in dem auch 5 Erwachsene á 80 kg fahren können, kann sie transportieren.
6. Schritt: Antwortsatz

zu c)
Fertige zunächst eine Skizze an, die verschiedene Möglichkeiten verdeutlicht.

**13** Frau Werner kauft an der Fleischtheke 6 Bockwürste zu 70 Cent das Stück, 500 g Rindfleisch zum Kochen (100 g kosten 72 Cent), 300 g Hackfleisch (0,90 € für 100 g) und 250 g Landleberwurst (0,48 € für 100 g). Berechne den zu zahlenden Betrag.

**14** Schlossermeister Penter benötigt für den Bau einer Balkonbrüstung insgesamt 22 m Flachstahl (1 m hat eine Masse von 500 g), 7,5 m Rundstahl (1 m hat eine Masse von 1,2 kg) und 4,5 m Stabstahl (1 m hat eine Masse von 1,8 kg). Der Balkon wird im 3. Stockwerk angebracht.
a) Berechne die Gesamtmasse an benötigtem Stahl.
b) Ein Zwanzigstel dieser Gesamtmasse ist Verschnitt. Wie viele Kilogramm sind das?

**15** Im Schulgarten sind 12 Beete mit einer Fläche von 1,2 m · 60 cm und 10 Beete mit 60 cm · 40 cm angelegt. 35 $m^2$ der gesamten Gartenfläche entfallen auf Wege und Freiflächen, 16$m^2$ werden für den Schuppen, 25 $m^2$ für die Pausenecke und schließlich 2 $m^2$ für Kompost gebraucht. Berechne die Gesamtfläche des Schulgartens in Quadratmeter.

**16** Jessicas Schulbus fährt laut Plan um 6:55 Uhr ab. Zwischendurch hält er dreimal etwa 2 Minuten, um weitere Kinder aufzunehmen. Eine Viertelstunde vor Schulanfang erreicht der Bus die Schule. Der Unterricht beginnt um 7:45 Uhr.
Wie viele Minuten beträgt im Normalfall die reine Fahrzeit des Busses?

**17** Werden gesammelte Kräuter getrocknet, beträgt die Trockenmasse (Tee) nur noch den zwölften Teil der grünen Masse. Um 7 Uhr, an einem Sommermorgen, gehen Oma und ihre 11-jährige Enkelin Ina Kräuter sammeln. Ina sammelt 1,5 kg frische Kräuter, Oma schafft dreimal so viel in der gleichen Zeit von anderthalb Stunden.

Wie viele Gramm Tee sind das im getrockneten Zustand?

**18** Zwei Seile sind zusammen 275 m lang. Sie unterscheiden sich in ihrer Länge um 300 m. Wie lang ist jedes einzelne Seil?

## 1.3 Grundbegriffe der Geometrie, Rechtecke und Quader

**Worum geht es?**

- In der Geometrie gibt es einige Grundbegriffe, die du kennen und erkennen sollst.
- Von Figuren in der Ebene und im Raum kann man verschiedene Größen berechnen (Umfang, Flächeninhalt, Oberfläche,Volumen), was du hier mit je einer einfachen Figur übst: Rechteck und Quader.

## Was du wissen und können solltest

- ▷ Du solltest folgende Grundbegriffe kennen: Gerade, Strecke, Streckenlänge, Strahl, Parallele, Senkrechte, Abstand eines Punktes von einer Geraden.
- ▷ Du kannst diese Grundbegriffe auch zeichnerisch darstellen.
- ▷ Du kennst die Eigenschaften eines Rechtecks und kannst Umfang und Flächeninhalt berechnen.
- ▷ Du kannst räumliche Objekte (Quader) in der Ebene darstellen und solche Darstellungen erfassen und beschreiben.

### 1.3.1 Geraden, Strecken und andere Grundbegriffe

**Erinnere dich!**

| | |
|---|---|
| Strecke | Die kürzeste Verbindung zwischen zwei Punkten nennt man Strecke. |
| Gerade | Verlängert man eine Strecke unendlich lang über beide Endpunkte hinaus, erhält man eine Gerade. Natürlich kann man immer nur einen Ausschnitt einer Geraden zeichnen. |
| Strahl | Verlängert man eine Strecke nur über einen Punkt hinaus ins Unendliche, so erhält man eine Halbgerade oder einen Strahl. |
| Parallelen | Zwei Geraden $a$ und $b$ sind parallel, wenn sie in einer Ebene liegen und sich nicht schneiden. Man schreibt $a \parallel b$. |
| Senkrecht | Zwei Geraden $a$ und $b$ stehen senkrecht aufeinander, wenn sie einen Winkel von 90° zueinander haben. Man schreibt $a \perp b$. |
| Abstand Punkt Gerade | Die kürzeste Verbindung zwischen einem Punkt und einer Geraden wird als Abstand des Punktes zur Geraden bezeichnet. Die Linie entlang des Abstandes steht senkrecht auf der Geraden. |

## Wie gehst du vor?

- ▷ Unterstreiche die im Text gegebenen Begriffe farbig.
- ▷ Unterstreiche die im Text gegebenen Lagebeziehungen mit einer anderen Farbe.
- ▷ Arbeite auf unliniertem Papier und mit Bleistift.

**19** **Lege auf dem Zeichenblatt die drei Punkte $A$, $B$ und $C$ beliebig fest.**

**a) Zeichne die Strecke $\overline{BC}$.**

**b) Zeichne parallel zu $\overline{BC}$ die Gerade $g$ in einem Abstand von 3,0 cm zu $\overline{BC}$.**

**c) Zeichne bei $A$ beginnend einen Strahl $s$, der senkrecht zu $g$ verläuft.**

**20** a) Zeichne eine Gerade $a$.
b) Lege auf $a$ einen Punkt $R$ fest und zeichne durch $R$ eine zweite Gerade $b$, die senkrecht zu $a$ verläuft.
c) Lege auf $b$ einen Punkt $P$ so fest, dass $\overline{RP}$ = 30,0 mm gilt.
d) Zeichne durch $P$ eine Senkrechte $c$ zu $b$.
e) Gilt $a \parallel c$? Begründe.

**21** Gegeben ist ein Punkt $S$.
a) Zeichne die Strahlen $s$ und $t$, die beide in $S$ beginnen.
b) Zeichne eine Gerade $g$, die beide Strahlen schneidet.
c) Zeichne eine Gerade $h$, die senkrecht auf $g$ steht und durch $S$ verläuft.

### 1.3.2 Umfang und Flächeninhalt von Rechtecken

**Erinnere dich!**

Für ein Rechteck gilt:
Umfang $u$: $u = 2a + 2b$
Flächeninhalt $A$: $A = a \cdot b$

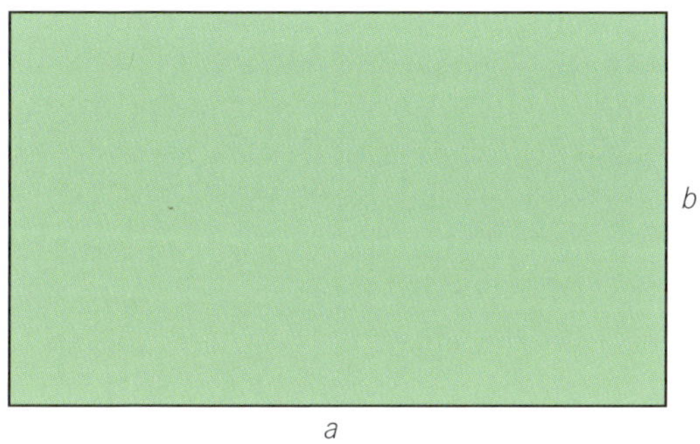


Der Umfang wird in einer Längeneinheit angegeben, also z. B. m, cm oder mm. Der Flächeninhalt wird in einer Flächeneinheit angegeben, also z. B. $m^2$, $cm^2$ oder $mm^2$.

**Wie gehst du vor?**

- ▷ Lies dir die Aufgabe sorgfältig durch und achte darauf, welche Größe gesucht ist.
- ▷ Benutze dann die oben angegebenen Formeln.
- ▷ Manchmal musst du eine Figur in Teilfiguren zerlegen.

**22** Gegeben ist eine Strecke $\overline{AE}$ der Länge $u$ = 18,0 cm.
a) Lege auf dieser Strecke die Punkte $B$ mit $\overline{AB}$ = 5,5 cm, $C$ mit $\overline{BC}$ = 3,5 cm und $D$ mit $\overline{CD}$ = 5,5 cm fest. Wie viele Millimeter verbleiben für $\overline{DE}$?
b) Zeichne aus diesen Teilstrecken das Rechteck $ABCD$ ($A$ fällt mit $E$ zusammen).
c) Gib nun den Umfang des Rechtecks $ABCD$ an und vergleiche mit der Streckenlänge $\overline{AE}$.

**23** Der Umfang eines Rechtecks *EFGH* beträgt $u = 12{,}0$ cm, es gilt $\overline{EF} = 4{,}0$ cm.

a) Wie lang sind die Strecken $\overline{FG}$, $\overline{GH}$ und $\overline{HE}$?

b) Zeichne dieses Rechteck, benutze ein Geodreieck.

c) Färbe den Inhalt dieses Rechteckes gelb und zerlege ihn in Einheitsquadrate. Wie viele solcher kleinen Quadrate von 1 $cm^2$ kannst du zählen?

**24** Gegeben ist der Umfang eines Rechtecks *RSTU* mit $u = 28{,}0$ m und $\overline{RS} = 10{,}0$ m.

a) Berechne den Flächeninhalt *A* dieses Rechtecks.

b) Bei gleichem Umfang $u = 28{,}0$ m ist jetzt $\overline{RS} = 7{,}0$ m. Wie lang sind die übrigen Seiten und wie heißt dieses spezielle Rechteck?

**25** Die Skizze zeigt den Grundriss eines Parkplatzes. Es gilt $a = 12$ m, $b = 25$ m.

a) Ines behauptet, sie könne bereits mit den beiden gegebenen Maßen *u* und *A* des Parkplatzes berechnen. Stimmt das? Wenn ja, dann rechne.

b) Wenn man für jeden PKW 15 $m^2$ Stellfläche braucht, wie viele PKW passen auf diesen Platz?

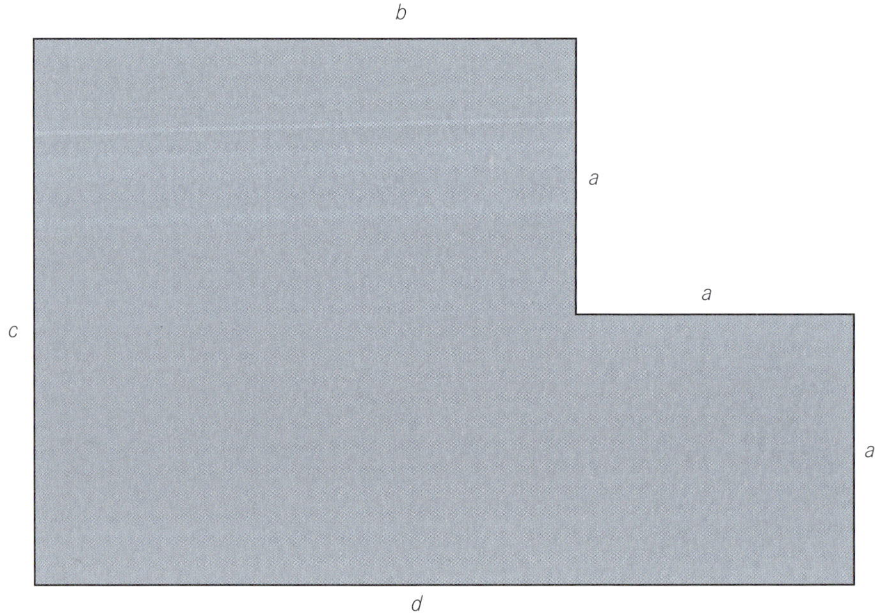


**26** Der Umfang *u* eines Rechtecks beträgt 24,0 dm. Die eine Rechteckseite ist 20 cm länger als die andere.

a) Wie lang (in Zentimetern) sind die beiden Rechteckseiten?

b) Berechne den Flächeninhalt *A* dieses Rechtecks (in Quadratzentimetern).

### 1.3.3 Einfache Körper

**Erinnere dich!**

Körper können in der Ebene (also auch auf einem Blatt) als Schrägbilder dargestellt werden. Um die Größe der Seitenflächen besser abschätzen zu können, kann man auch Netze zeichnen.

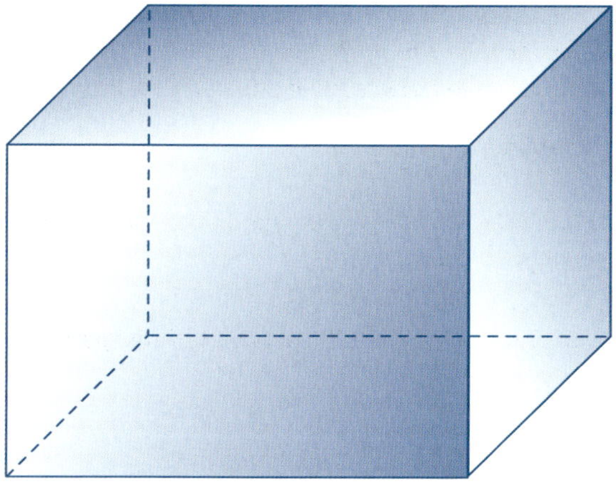

Schrägbild eines Quaders

Netz eines Würfels

**27** Dieser Würfelbau besteht aus kleinen Würfeln mit der Kantenlänge $a$ = 2,0 cm.

a) Aus wie vielen Würfeln besteht dieser Würfelbau?

b) Wie viele kleine Würfel muss man ergänzen, um einen Würfel mit einer Seitenlänge von 6,0 cm zu erhalten?

**28** Der abgebildete Gegenstand (Körper) ist ein Quader:
$a$ = 20 mm, $b$ = 40 mm, $c$ = 80 mm.

a) Skizziere den Körper in doppelter Größe.

b) Berechne den Flächeninhalt der grünen Fläche.

c) Wie viele solcher Quader braucht man, um einen größeren Quader zu bauen, der 16 cm lang, 16 cm breit und 8 cm hoch ist?

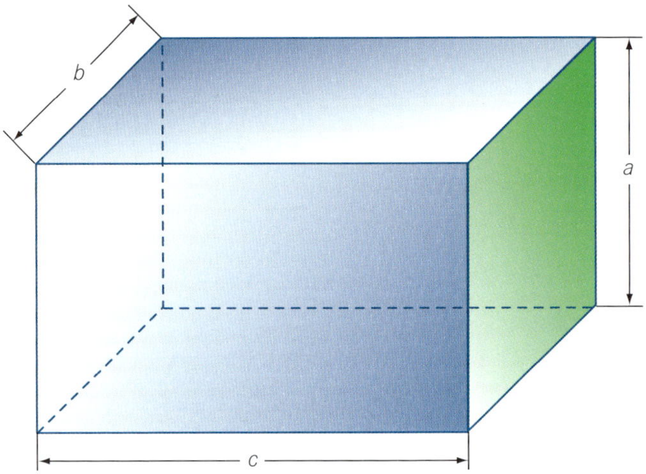


**29** Ein Tischler bezeichnet die Seiten eines quaderförmigen Möbelstücks als Länge, Höhe und Tiefe.
Bei diesem Möbelstück gilt:
Länge $l$ = 80 cm, Höhe $h$ = 35 cm und Tiefe $t$ = 40 cm.
Skizziere diesen Quader in zehnfacher Verkleinerung.

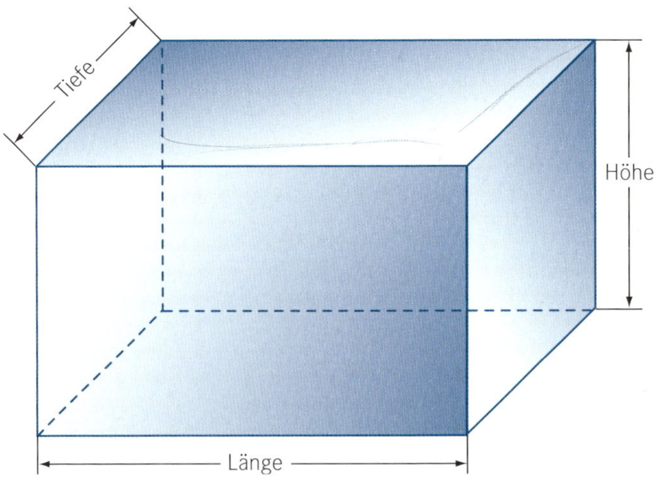

# Test 5. Klasse

**30** Welche Zahl liegt genau in der Mitte zwischen 10 095 und 1095? |2|

**31** Setze <, = oder > richtig ein. |3|

a) 34 279 + 3 · 117    34 279 + 3 · 116
b) 100 004 : 2785    100 004 : 2786
c) 1708 (114 + 57)    1708 (113 + 58)

**32** Ist das Doppelte der Hälfte einer Zahl gleich der Hälfte vom Doppelten einer Zahl? |1|

**33** Kreuze die richtige Lösung an: |1|

4444 : 22 =
a) 22   b) 202   c) 200

**34** Ergänze die fehlenden Zahlen: |2|

```
 6205 : _7 = 3_5
-51
----
  110
 -102
 ----
    85
```

**35** Ermittle die fehlenden Zahlen: |3|

```
 1375 · 2_
----------
_750
  4125
---------
_1625
```

**36** Ist das Siebenfache einer Zahl, vermehrt um diese Zahl, gleich dem Achtfachen der Zahl, vermindert um diese Zahl? |1|

**37** Welche Zahl ist der Vorgänger des Produktes von 200 und 100? |1|

**38** Ordne der Größe nach. Beginne mit der kleinsten Zahl. |2|

3400 : 17; 3400 : 20, 3400 : 50; 17 · 30 ; 17 · 40

**39** Ordne der Größe nach. Beginne mit der größten Zahl. |1|

10 101; 10 010; 11 000; 10 110

**40** Rechne im Kopf. 3 · 4 · 5 + 7 · 0 · 6 + 18 : (2 – 1) = |1|

**41** a) Zeichne ein Quadrat *ABCD* mit einer Seitenlänge von 2,0 cm. |3|
b) Verdopple die Seitenlängen dieses Quadrates und zeichne damit das Quadrat *AB'C'D'*.
c) Wieviel Mal größer ist der Flächeninhalt von *AB'C'D'* verglichen mit dem Flächeninhalt von *ABCD*?

**42** Bei einer Klassenfahrt wurden von jedem Kind 22 € eingesammelt. Von diesem Gesamtbetrag blieben 94,50 € übrig. Dadurch erhielt jeder Teilnehmer 3,50 € zurück. |4|
a) Wie viele Schülerinnen und Schüler nahmen an der Klassenfahrt teil?
b) Welcher Gesamtbetrag wurde anfangs eingesammelt?

**43** Gilt $A_1 < A_2$
$A_1 = A_2$
$A_1 > A_2$ ? |1|

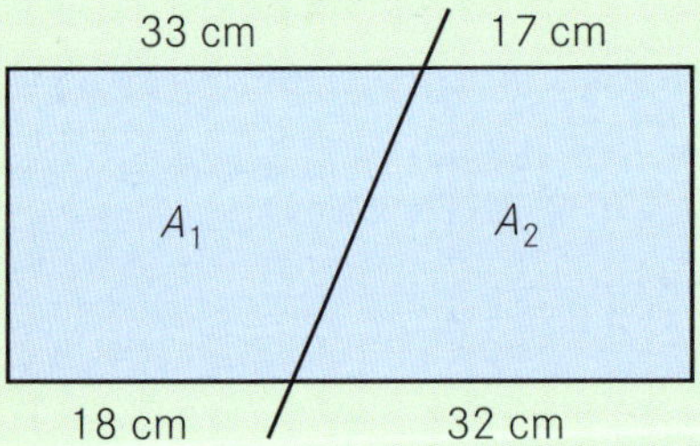


**44** Die Strecke $\overline{BD}$ ist 35 cm lang. |2|
Wie lang ist $\overline{AC}$?

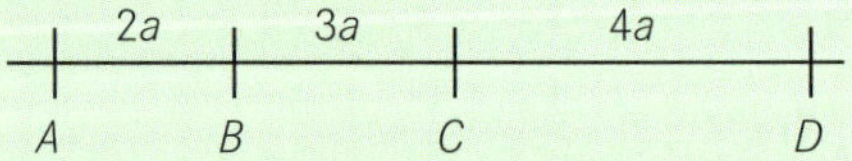


**45** Die Skizze zeigt einen Spielplatz und ist nicht maßstabsgetreu. |6|

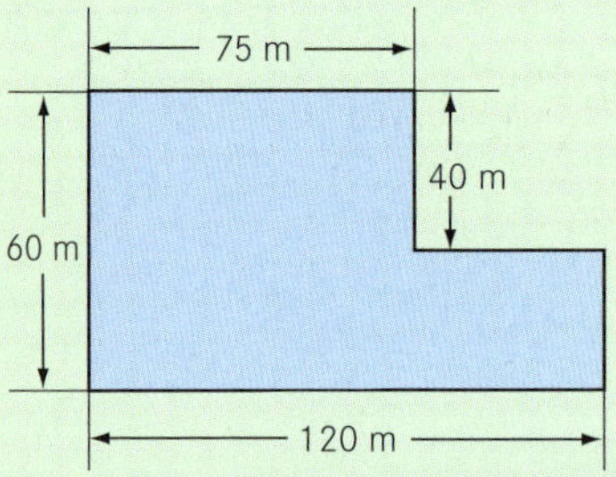


Die längste und die kürzeste Seite sollen zu den Nachbargrundstücken mit einem 2 m hohen Drahtzaun abgegrenzt werden. 1 m dieses Zaunes kostet 7,85 €. Hinzu kommen Arbeitskosten von 18,75 € pro Stunde. Der Aufbau dauert 22 Stunden. Wie viele Euro kostet die Anlage dieses Zaunes insgesamt?

2

# Textaufgaben für die 6. Klasse

## Rechenregeln

### Kommutativgesetz (Vertauschungsgesetz)

$a + b = b + a$ $\quad$ $a \cdot b = b \cdot a$

### Assoziativgesetz (Vereinigungsgesetz)

$a + (b + c) = (a + b) + c = a + b + c$

$a \cdot (b \cdot c) = (a \cdot b) \cdot c = a \cdot b \cdot c$

### Distributivgesetz (Verteilungsgesetz)

$a \cdot b + a \cdot c = a \cdot (b + c)$ $\quad$ $a \cdot b - a \cdot c = a \cdot (b - c)$

## Rechnen mit Brüchen

### Addieren und Subtrahieren

$\frac{a}{b} \pm \frac{c}{b} = \frac{a \pm c}{b}$; $(b \neq 0)$

Brüche mit verschiedenen Nennern müssen zuvor gleichnamig gemacht werden:

$\frac{a}{b} + \frac{c}{d} = \frac{ad}{bd} + \frac{cb}{bd} = \frac{ad + cb}{bd}$; $(b \neq 0; d \neq 0)$

### Multiplizieren und Dividieren

$\frac{a}{b} \cdot \frac{c}{d} = \frac{a \cdot c}{b \cdot d}$ $\quad$ $\frac{a}{b} : \frac{c}{d} = \frac{a \cdot d}{b \cdot c}$; $(b \neq 0; d \neq 0)$

## Proportionalität

### Direkte Proportionalität

Zwei Zahlen oder Größen $x$ und $y$ sind proportional zueinander, wenn bei einer Zuordnung zum Zweifachen der einen Größe das Zweifache der anderen gehört.

$\frac{x}{y} = k =$ konstant, $k$: Proportionalitätsfaktor.

### Indirekte Proportionalität

Zwei Zahlen oder Größen $x$ und $y$ sind indirekt proportional (antiproportional) zueinander, wenn bei einer Zuordnung zum Zweifachen der einen Größe die Hälfte der anderen gehört.
$x \cdot y = k =$ konstant, $k$: Proportionalitätsfaktor.

## Berechnungen am Quader

### Oberfläche und Volumen

Volumen: $V = a \cdot b \cdot c$
Oberfläche: $O = 2 \cdot a \cdot b + 2 \cdot a \cdot c + 2 \cdot b \cdot c$

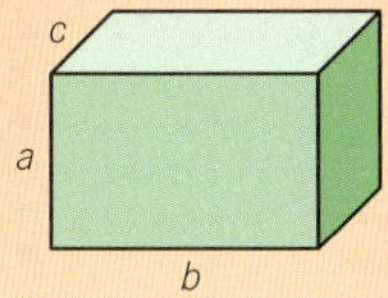


## Berechnungen am Rechteck

### Flächeninhalt und Umfang

Flächeninhalt: $A = a \cdot b$
Umfang: $u = 2a + 2b$

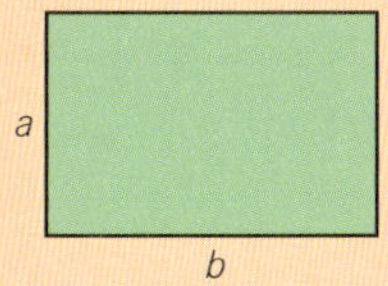


## Berechnungen am Dreieck

### Flächeninhalt und Umfang

Flächeninhalt: $A = a \cdot h_a$
Umfang: $u = a + b + c$

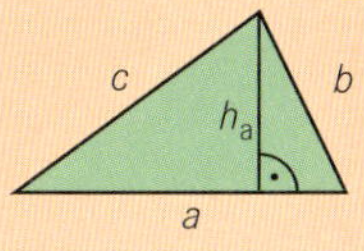

## 2.1 Rechnen mit Brüchen

**Worum geht es?**

Aus Texten sollst du Beziehungen zwischen zwei oder mehreren Brüchen (auch gebrochene Zahlen genannt) erkennen und damit dann die Aufgabe möglichst sinnvoll lösen. Du musst begründen können, warum du einen Lösungsweg gewählt hast und solltest deine Lösung immer überprüfen: Ist sie im Zusammenhang der Aufgabe sinnvoll? Beantworte die gestellte Frage schriftlich.

**Was du wissen und können solltest**

- Du solltest wissen, welche Bedeutung Zähler und Nenner eines Bruches haben und dir unter einem Bruch etwas vorstellen können - zum Beispiel wissen, wie viele Zentimeter ein dreiviertel Meter sind.
- Du solltest sowohl mit gemeinen Brüchen als auch mit Dezimalbrüchen umgehen können.
- Du kannst Brüche erweitern und kürzen und mit Brüchen sicher rechnen.
- Du kannst einfache Verhältnisgleichungen umformen und damit auch lösen.

### 2.1.1 Kürzen und Erweitern von Brüchen

**Erinnere dich!**

Werden *Zähler* und *Nenner* eines Bruches mit der *gleichen Zahl* multipliziert, bzw. durch die gleiche Zahl dividiert, so entstehen Brüche, die alle demselben Punkt auf dem Zahlenstrahl zugeordnet, also untereinander gleich sind.

**Wie gehst du vor?**

- Um zu erkennen, mit welcher Zahl ein Bruch gekürzt werden kann, zerlege Nenner und Zähler in Produkte.

  $\frac{21}{24} = \frac{3 \cdot 7}{2 \cdot 2 \cdot 2 \cdot 3} = \frac{7}{2 \cdot 2 \cdot 2} = \frac{7}{8}$

- Beachte, dass eine neue Zahl entsteht, wenn zu Zähler und Nenner die gleiche Zahl addiert, bzw. von Zähler und Nenner die gleiche Zahl subtrahiert wird.

  $\frac{2}{7} = \frac{2 \cdot a}{7 \cdot a} \quad \frac{2}{7} \neq \frac{2 + a}{7 + a}$

**46** Welche Dezimalbrüche entstehen, wenn man zu $\frac{7}{10}$ in Zähler und Nenner
a) 5 addiert,
b) 4 subtrahiert?

**47** Welche (gekürzten) Brüche entstehen, wenn man bei $\frac{5}{20}$ Zähler und Nenner
a) mit 0,2 multipliziert,
b) durch 2,5 dividiert?

**48** Dem Bruch $\frac{3}{8}$ ist in Zähler und Nenner die gleiche natürliche Zahl so hinzuzufügen, dass der neue Bruch 0,5 ist.
Welche Zahl ist das?

### 2.1.2 Addieren und Subtrahieren von Brüchen

**Wie gehst du vor?**

- ▷ Um zwei Brüche addieren bzw. subtrahieren zu können, musst du sie „gleichnamig“ machen, also so erweitern oder kürzen, dass beide den gleichen Nenner haben. Dann können die Zähler addiert bzw. subtrahiert werden.
- ▷ Dieser gemeinsame Nenner ist das kleinste gemeinsame Vielfache der Nenner der beiden Ausgangsbrüche.
- ▷ Um die richtige Rechenart zu erkennen, kannst du dich an den Hinweisen zu den Textaufgaben mit natürlichen Zahlen orientieren (Klasse 5).

**Beispiel**

Vom Bruch $1\frac{3}{4}$ wird ein Bruch subtrahiert, sodass sich die Differenz 0,8 ergibt.
Wie heißt der Subtrahend?

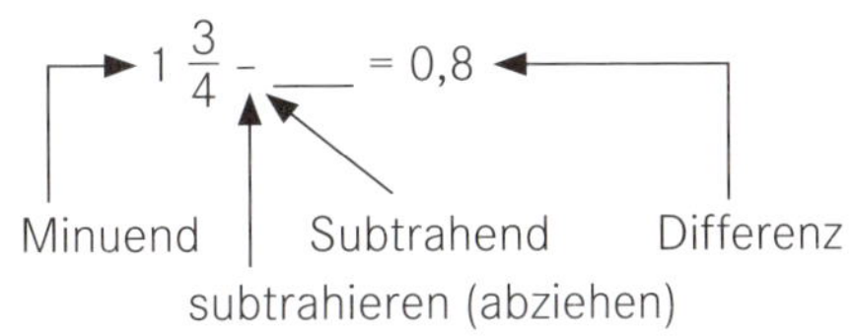


Umwandeln des gemischten Bruchs und des Dezimalbruchs: $\frac{7}{4} - \_\_\_ = \frac{8}{10}$

Gleichnamig machen: $\frac{35}{20} - \_\_\_ = \frac{16}{20}$

Lösung: $\frac{19}{20}$

Antwort: Der gesuchte Bruch ist $\frac{19}{20}$ oder 0,95. Probe: 1,75 − 0,95 = 0,8.

**49** Um welchen Bruch muss man $\frac{3}{4}$ vermehren, damit die Summe 0,8 ergibt?

**50** Die Differenz von 1,2 und $\frac{3}{5}$ wird um eine Zahl vermehrt, sodass das Ergebnis dieser Rechnung $\frac{11}{10}$ lautet. Welche Zahl wurde hinzugefügt?

**51** Wie viel beträgt der Unterschied zwischen 2,5 und $\frac{25}{20}$?

### 2.1.3 Multiplizieren und Dividieren von Brüchen

**Wie gehst du vor?**

- ▷ Zwei Brüche werden multipliziert, indem man die Zähler und die Nenner miteinander multipliziert. Ein Bruch wird durch einen anderen dividiert, indem mit dem Kehrbruch multipliziert wird.
- ▷ Ansonsten gelten für Textaufgaben mit gebrochenen Zahlen die gleichen Hinweise wie für Textaufgaben mit natürlichen Zahlen (Klasse 5).

**Beispiel**

Ein Produkt, das $\frac{33}{40}$ ergibt, hat einen Faktor $\frac{3}{8}$. Wie lautet der 2. Faktor?

$\frac{3}{8} \cdot \frac{a}{b} = \frac{33}{40} \quad \rightarrow \quad 3 \cdot a = 33 \quad \rightarrow \quad a = 11$

$\rightarrow \quad 8 \cdot b = 40 \quad \rightarrow \quad b = 5$

Der gesuchte Faktor ist $\frac{11}{5}$.

**52** Das Produkt aus $\frac{9}{8}$ und einem weiteren Bruch ergibt $\frac{27}{40}$. Wie heißt der zweite Faktor?

**53** Ein Dividend ist 1,2, der zugehörige Quotient $\frac{1}{5}$. Ermittle den Divisor.

**54** $\frac{5}{4}$ ist mit einer Zahl so zu vervielfachen, dass das Ergebnis 12,5 lautet. Welche Zahl erfüllt diese Bedingung?

### 2.1.4 Aufgaben mit allen vier Rechenarten

**Wie gehst du vor**

- ▷ Stelle die im Aufgabentext beschriebene Situation als Gleichung dar. Unterscheide zwischen Haupt- und Nebenrechenarten.
- ▷ Beachte die Regeln zum Umgang mit Klammern und denke daran: Punktrechnung geht vor Strichrechnung.

**55** Die Summe von 0,6 und $\frac{14}{10}$ ist mit einem Bruch zu multiplizieren, der als Produkt $\frac{2}{3}$ liefert. Welche Zahl erfüllt diese Bedingung?

**56** Die Produkt aus $\frac{2}{3}$ und $\frac{1}{6}$ ist durch die Differenz beider Zahlen zu teilen. Gib den Quotienten an.

**57** Das Vierfache der Differenz aus $\frac{11}{5}$ und 0,45 ist zu berechnen.

## 2.2 Sachaufgaben zum Rechnen mit Brüchen

**Wie gehst du vor?**

- ▷ Auch hier gelten für die Aufgaben mit Größen (Sachaufgaben) die gleichen Hinweise wie für Sachaufgaben mit natürlichen Zahlen im Kapitel zur Klasse 5.
- ▷ Achte beim Umrechnen der Einheiten genau darauf, wie viele der kleineren Einheit die größere ergibt. Das muss nicht immer 100 oder 1000 sein.

**Beispiel**

Toralf brauchte heute zur Erledigung seiner Hausaufgaben anderthalb Stunden. In einem Drittel dieser Zeit erledigte er seine Mathematik-Aufgaben.
Ein Drittel der verbleibenden Minuten nutzte er, um Englisch-Vokabeln zu lernen.
Wie viele Minuten brauchte Toralf zur Fertigstellung einer Zeichnung?

| | |
|---|---|
| Anderthalb Stunden: | 90 min |
| Ein Drittel von 90 min: | 90 min : 3 = 30 min |
| Verbleibende Zeit: | 90 min – 30 min = 60 min |
| Ein Drittel von 60 min: | 60 min : 3 = 20 min |
| Verbleibende Zeit: | 60 min – 20 min = 40 min |

Antwort:
An der Fertigstellung seiner Zeichnung arbeitete Toralf 40 Minuten.

**58** Drei Fünftel einer neuen 1,2 km langen Zubringerstraße zur Autobahn sind bereits fertig. In den letzten drei Arbeitstagen bis zum Monatsende werden von der restlichen Strecke $\frac{3}{4}$ geschafft. Wie viele Meter bleiben übrig?

**59** Auf dem LKW vom Getränkemarkt sind noch 48 Kästen Mineralwasser. Davon wurde die Hälfte von einem Geschäft bestellt. Die verbleibenden Kästen werden zu gleichen Teilen an vier Gaststätten geliefert. Welchen Anteil von der Gesamtlieferung bekommt jede Gaststätte? Gib die Lösung als Bruch an.

60 a) Welcher Anteil von 18 g einer Chemikalie bleibt übrig, wenn folgende Mengen entnommen werden: 450 mg; 1,5 g; 7,5 g; 50 mg und 0,5 g?
b) Welchen Anteil an der Gesamtmenge machen die beiden größten Posten aus?

61 Eine Großgärtnerei bewirtschaftet insgesamt 7,5 ha Anbaufläche. 25 a sind unter Glas (Gewächshäuser und Frühbeete), 25 000 $m^2$ sind für den Gemüseanbau vorgesehen, 4 ha dienen der Rosenzucht (einem Spezialgebiet der Gärtnerei). Der Rest entfällt auf Wege und Wirtschaftsflächen. Gib die einzelnen Anteile als Brüche an.

62 Ein Achtel einer Motocross-Strecke führte über ebenes, sandiges Gelände. Zwei Fünftel der Gesamtstrecke, das waren 8 km, ging über Stock und Stein durch Waldgelände. Der Rest war in 10 Runden in einem dafür vorgesehenen Stadion zu bewältigen. Wie viele Meter mussten in einer Stadionrunde gefahren werden?

63 Ein Rezept für Fruchtbowle für 6 Personen sieht vor: 0,75 l Mineralwasser, 0,5 l Fruchtsirup, 0,4 l Bitter-Lemon, und 1 l Erdbeerkompott. Berechne die Menge der Zutaten, die für 9 Personen gebraucht werden.

## 2.3 Proportionale Beziehungen

### Worum geht es?

Oft ändern sich zwei Zahlen oder Größen abhängig voneinander. Wenn diese Änderung im immer gleichen Verhältnis erfolgt, so spricht man von proportionalen Zuordnungen (direkte Proportionalität). Erfolgt die Änderung im umgekehrten Verhältnis, so nennt man dies indirekte Proportionalität oder antiproportionale Zuordnung. Solche Beziehungen sollst du im Aufgabentext erkennen und als eine Gleichung darstellen. Du kannst die Aufgabe dann rechnerisch lösen, musst die Lösung aber immer auch mit dem Textinhalt vergleichen.

### Was du wissen und können solltest

Du solltest einfache Gleichungen und Verhältnisgleichungen lösen können, wenn die darin vorkommenden Zahlen oder Maßzahlen Brüche oder Dezimalbrüche sind.

## 2.3.1 Direkte Proportionalität

**Wie gehst du vor?**

Zahlenpaare sind zueinander direkt proportional, wenn sie quotientengleich sind:

$\frac{a}{b} = \frac{c}{d} \quad \rightarrow \quad a : b = c : d \quad (b \neq 0\,;\, d \neq 0)$

Man kann Verhältnisgleichungen in eine Produktform umwandeln:

$$\frac{a}{b} = \frac{c}{d} \qquad | \cdot b; \cdot d$$

$$\frac{abd}{b} = \frac{bcd}{d} \qquad | \text{ kürzen}$$

$$a \cdot d = b \cdot c$$

Man formuliert: Das Produkt der Außenglieder ist gleich dem Produkt der Innenglieder.

Außenglieder

$a : b = c : d$

Innenglieder

Zum Beispiel $45 : 80 = 450 : x$

Hier sieht man sofort: $x = 800$ Das kann man aber auch ausrechnen:

Innenglieder: $80 \cdot 450$

Außenglieder: $45 \cdot x$

$45 \cdot x = 80 \cdot 450 \qquad |:45$

$x = (80 \cdot 450) : 45$

$x = 800$

Bei Aufgaben mit Größen ergibt sich bei der richtigen Lösung auch die richtige Einheit (siehe das folgende Beispiel). Dies ist auch eine gute Möglichkeit zur Überprüfung der Rechnung.

**Beispiel**

Ein 1,25 m langes Stück Flachstahl bestimmter Abmessung hat eine Masse von 0,8 kg. Welche Masse (Gewicht) haben drei Meterstücke dieses Stahles?
In dieser Aufgabe treten Längen- und Massemaße auf. Es ist günstig, gleiche Größen zueinander in ein Verhältnis zu setzen (1,25 m : 3,0 m), um dann zu sehen, zu welcher Länge die 0,8 kg gehören.

1,25 m ≙ 0,8 kg. Die Masse, die zu 3 m gehört, ist unbekannt und wird mit $x$ bezeichnet.

$$1{,}25\text{ m} : 3{,}0\text{ m} = 0{,}8\text{ kg} : x$$

$$\rightarrow 1{,}25\text{ m} \cdot x = 3{,}0\text{ m} \cdot 0{,}8\text{ kg} \qquad |:1{,}25\text{ m}$$

$$x = \frac{3{,}0\text{ m}}{1{,}25\text{ m}} \cdot 0{,}8\text{ kg} \qquad |\text{Kürzen der Einheit m}$$

$$x = 2{,}4 \cdot 0{,}8\text{ kg}$$

$$x = 1{,}92\text{ kg}$$

Antwort: Die drei Meterstücke haben zusammen eine Masse von 1,92 kg.

**64** In 0,25 l einer Kochsalzlösung sind 1,5 g Salz gelöst. Welche Salzmenge muss man in 400 ml Wasser auflösen, um die gleiche Konzentration zu erhalten?

**65** Zu ihrem 12. Geburtstag erhielt Jenny ein neues Fahrrad. Gleich am nächsten Tag musste sie es auf gerader Strecke ausprobieren. Jens stoppte für 300 m eine Minute Fahrzeit. Welche Strecke hätte Jenny bei gleichbleibender Geschwindigkeit in 75 s geschafft?

**66** Eine Unze (das sind etwa 28 g) Gold kostete an einem Oktobertag 2009 auf dem Londoner Edelmetallmarkt rund 1000 €. Wie viele Euro hätte man am selben Tag für 70 g Gold bezahlen müssen?

**67** Einen Teebeutel lässt man etwa 3,5 Minuten im heißen Wasser des Teeglases ziehen. Wie lange muss man drei Teebeutel ziehen lassen?

**68** Drei LKW transportieren in einer Schicht (8 Stunden) insgesamt 450 t Erdreich von einer Baustelle ab. Jeder LKW macht dabei 10 Fahrten.
Wie viel Erdreich würde abtransportiert, wenn die LKW-Fahrer in einer Schicht jeder 11 Touren schaffen würden?

**69** Frau Meinert bezahlt an der Fleischtheke für 225 g Aufschnitt 1,62 €. Da diese Ware gerade im Angebot ist, kauft sie für ihre Schwägerin auch noch 300 g.
Wie viele Euro hat Frau Meinert insgesamt zu bezahlen?

**70** Herr Petermann kauft in der Markthalle 12 herrliche, langstielige Rosen und bezahlt dafür 33 €. Beim Weitergehen sieht er, dass er an einem anderen Stand für denselben Preis 15 Rosen gleicher Qualität erhalten hätte.
Was kostet eine einzelne Rose an diesem Stand?

### 2.3.2 Indirekte Proportionalität

**Wie gehst du vor?**

Zuordnungen sind zueinander indirekt (umgekehrt) proportional, wenn sie produktgleich sind.

| | | | | | |
|---|---|---|---|---|---|
| $f$ | $a$ | $c$ | 4 | 0,2 | ... |
| $s$ | $b$ | $d$ | 5 | 100 | ... |

$f$ ist umgekehrt proportional zu $s$, wenn gilt: $a \cdot b = c \cdot d = 4 \cdot 5 = 0{,}2 \cdot 100 = ...$
Mit diesen Gleichungen können die gesuchten Zahlen oder Größen bestimmt werden. Auch hier ergibt sich bei richtiger Rechnung die korrekte Einheit.

**Beispiel**

Ein LKW durchfährt eine bestimmte Strecke mit einer Durchschnittsgeschwindigkeit von 80 $\frac{\text{km}}{\text{h}}$ und braucht für die Fahrt 5 Stunden und 30 Minuten. Wie viele Stunden benötigt dann ein PKW für die gleiche Strecke, wenn der mit durchschnittlich 100 $\frac{\text{km}}{\text{h}}$ fährt?

$$80\,\frac{\text{km}}{\text{h}} \cdot 5{,}5\text{ h} = 100\,\frac{\text{km}}{\text{h}} \cdot x$$

$$\rightarrow \quad x = \frac{80\,\frac{\text{km}}{\text{h}} \cdot 5{,}5\text{ h}}{100\,\frac{\text{km}}{\text{h}}}$$

$$\rightarrow \quad x = 4{,}4\text{ h}$$

Der PKW braucht für diese Strecke 4 Stunden und 24 Minuten.

**71** **Herr Schlau entleert im Spätherbst seinen höher gelegenen Pool durch einen einfachen Saugschlauch von einem Viertel Zoll Durchmesser. Das dauert immerhin 60 Stunden. Wie lange hätte der Vorgang bei Verwendung eines Dreiviertel-Zoll-Schlauches gedauert?**

**72** **Familie Schneidereit legt den Weg von der Gartenpforte zum Haus mit Wegeplatten aus. Der Weg ist 120 cm breit und 6,0 m lang. Im Baumarkt gibt es zwei Sorten vorgefertigter Platten. Sorte 1 ist 30 cm · 30 cm groß und kostet 4,35 €/Stück; die Größe der Platten von Sorte 2 beträgt 40 cm · 40 cm zu 6,15 €/Stück. Welche Platten sind günstiger?**

**73** **Zwei Mähdrescher ernten ein Weizenfeld in 12 h ab. Wie lange dauert die Ernte bei 3 Mähdreschern gleicher Leistung?**

**74** **112 Schülerinnen und Schüler wollen mit Bussen in das 245 km entfernte Schilager fahren. Begleitet werden sie von zwei Sportlehrern und 6 Eltern. Es stehen Busse mit 40 Plätzen (Grundpreis: 450 €/Bus ; Fahrpreis: 9,50 €/Pers.) Busse mit 30 Plätzen (Grundpreis: 360 €/Bus; Fahrpreis: 12,25 €/Pers.) und Busse mit 24 Plätzen (Grundpreis: 280 €/Bus; Fahrpreis: 15,75 €/Pers.) zur Verfügung. Welche der drei Möglichkeiten ist die preisgünstigste?**

## 2.4 Statistische Bearbeitung von Daten

### Worum geht es?

Wenn man Daten gesammelt hat (z. B. aus Befragungen oder Messungen), möchte man diese oft übersichtlich darstellen, was in verschiedenen Diagrammen gelingt. Oft ist es auch sinnvoll, den Mittel- oder Zentralwert einer Datenreihe zu bestimmen. Dabei hängt es von dem Inhalt der Daten ab, welcher Wert aussagekräftiger ist.

### Was du wissen und können solltest

- Du solltest Messreihen und statistische Auflistungen auswerten und die Ergebnisse zeichnerisch darstellen können (Diagramme).
- Du solltest wichtige Begriffe (Durchschnitt bzw. Mittelwert, Zentralwert, Modalwert) verstehen und anwenden können.

### Erinnere dich!

**Durchschnitt** Auch arithmetisches Mittel oder Mittelwert genannt. Zur Berechnung werden die Einzelwerte addiert und durch die Anzahl der Daten geteilt.

**Modalwert** Wert, der in der Datenreihe am häufigsten vertreten ist.

**Zentralwert** Auch Median genannt. Der Wert, der in der geordneten Reihe in der Mitte steht. Hat die geordnete Reihe eine gerade Anzahl von Messwerten, dann ist der Zentralwert der Mittelwert der beiden links und rechts von der Mitte stehenden Werte.

**Spannweite** Die Differenz zwischen dem größten und dem kleinsten Wert einer Reihe.

**Beispiel**

Während einer Grippewelle werden die Fehltage der erkrankten Schülerinnen und Schüler in einer Strichliste erfasst:

| | |
|---|---|
| Antonia | 𝍸 \| |
| Bertram | \|\|\| |
| Claudia | 𝍸 \|\|\| |
| Doris | \|\|\|\| |
| Eric | 𝍸 𝍸 \| |
| Franzi | \|\| |
| Gerd | 𝍸 \|\|\|\| |
| Hannes | \|\|\|\| |
| Irina | 𝍸 𝍸 |
| Karen | \|\|\|\| |
| Leo | \|\| |

a) Stelle die Fehltage in einem Streifendiagramm dar.

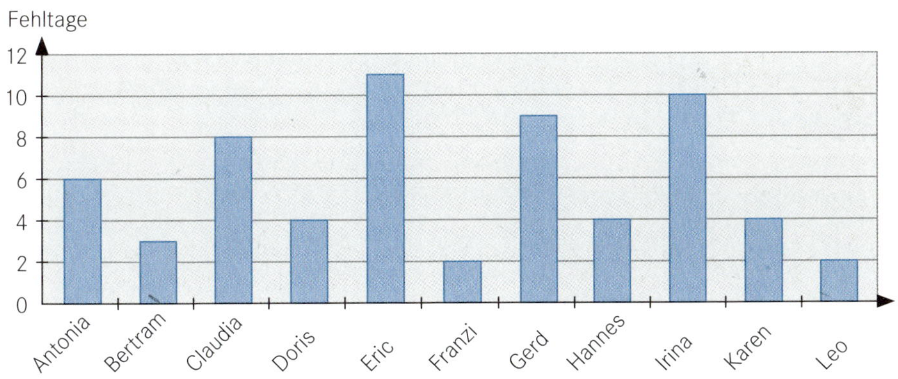


b) Ordne die Fehltage von der kleinsten bis zur größten Anzahl:
2 ; 2 ; 3 ; 4 ; 4 ; 4 ; 6 ; 8 ; 9 ; 10 ; 11
Der *Modalwert* ist der Wert „4 Tage".

c) Berechne den *Durchschnitt d* der Fehltage.

$$d = \frac{2 + 2 + 3 + 4 + 4 + 4 + 6 + 8 + 9 + 10 + 11}{11} = \frac{63}{11} \approx 5{,}7$$

d) Gib den *Zentralwert z* an: $z = 4$.

75 Jenny liest jeden Morgen nach dem Frühstück (gegen 7 Uhr) die Lufttemperatur an dem Thermometer beim Küchenfenster ab. Zu dieser Zeit hängt es noch im Schatten. Hier nun eine Wochenübersicht in der ersten Maihälfte:

| Tag | Temperatur |
|---|---|
| Montag | +10 °C |
| Dienstag | +7 °C |
| Mittwoch | +6 °C |
| Donnerstag | +12 °C |
| Freitag | +15 °C |
| Samstag | +8 °C |
| Sonntag | +4 °C |

a) Zeichne eine Temperaturkurve für diese Woche.

b) Berechne den Durchschnittswert *d* und gib den Zentralwert *z* an.

76 Herr Forchner, der Mathematiklehrer, hat die Noten der letzten Klassenarbeit Mathematik in das Klassenbuch eingetragen.
Es gab 5-mal die Note 1, 6-mal die Note 2, 9-mal die Note 3, eine Vier, keine Fünf, aber eine Sechs.

a) Stelle die Notenverteilung in einem Kreisdiagramm dar.

b) Berechne den Notendurchschnitt *d*.

77 Ann-Katrin, Beatrix, Claudia, Elena; Jenny und Manja vergleichen sich im 100-m-Lauf. Beatrix geht 0,5 s vor Elena durchs Ziel. Diese braucht 16,1 s. Claudia folgt Elena mit einer Zehntelsekunde „Verspätung“, geht aber vor Ann-Katrin durchs Ziel, welche die Strecke in $16\frac{1}{2}$ s schafft. Manja ist 0,2 s besser als Ann-Katrin und $\frac{1}{2}$ s schlechter als Jenny.

a) Gib die Reihenfolge der Mädchen mit ihren Laufzeiten an.

b) Berechne den Mittelwert der Zeiten.

## 2.5 Quader und Dreiecke

**Worum geht es?**

Neben rechteckigen Flächen werden nun auch einfache Dreiecksberechnungen durchgeführt sowie Oberfläche und Volumen von Quadern bestimmt.

### Was du wissen und können solltest

- ▷ Du kannst die Formeln für Volumen und Oberfläche eines Quaders anwenden.
- ▷ Du solltest wissen, wie man Umfang und Flächeninhalt von Dreiecken und Rechtecken ermittelt.

### Wie gehst du vor?

- ▷ Überprüfe zuerst, was genau berechnet werden soll (Volumen, Oberfläche, Flächeninhalt, Umfang), wende dann die entsprechenden Formeln an.
- ▷ Volumen werden in einer Raumeinheit angegeben, z. B. $m^3$, $cm^3$ oder $mm^3$, Flächen in einer Flächeneinheit wie z. B. $m^2$, $cm^2$ und $mm^2$ und Umfänge in einer Längeneinheit (m, cm, mm).

**78** **Für eine Parkplatzbegrenzung werden an den Rand dieses Platzes rings herum 64 quaderförmige Granitsteine gesetzt (siehe Skizze). Es gilt: $a = 10$ cm, $b = 4 \cdot a$. Diese Steine werden 15 cm tief eingegraben und im oberen Teil mit Leuchtfarbe angestrichen.**
**a) Wie viele Quadratdezimeter werden bei einem Stein bemalt?**
**b) Wie viele Quadratmeter werden bei allen Steinen angemalt?**

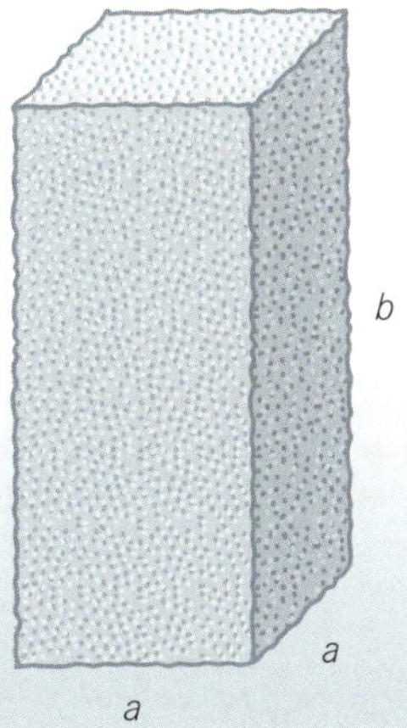

**79** Solche rechtwinkligen, ausgeschnittenen Linoldreiecke in den Farben gelb und rosa mit 96 cm² Flächeninhalt werden, wie in der Abbildung gezeigt, zu Rechtecken zusammengesetzt.

a) Berechne die Seitenlänge *s*.

b) Zeichne ein solches Dreieck in vierfacher Verkleinerung.

c) Insgesamt soll eine Wandfläche von 1,2 m · 3,2 m mit diesen zusammengesetzten Rechtecken beklebt werden.
Wie viele Rechtecke sind dazu nötig?

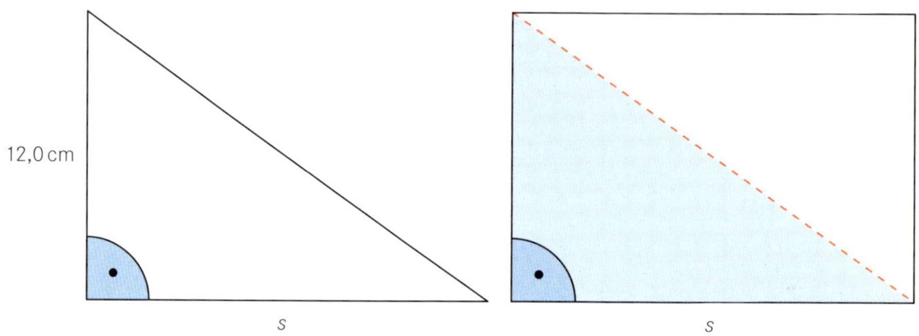


**80** Der Auslauf einer Legehennen-Farm hat die abgebildete Form (Skizze nicht maßstabsgerecht).

a) Welcher Flächeninhalt ergibt sich für $a = 12{,}0$ m?

b) Wie viele Meter Maschendraht sind für die Einzäunung nötig, wenn die untere Seite des Auslaufgeländes an den Hühnerstall grenzt?

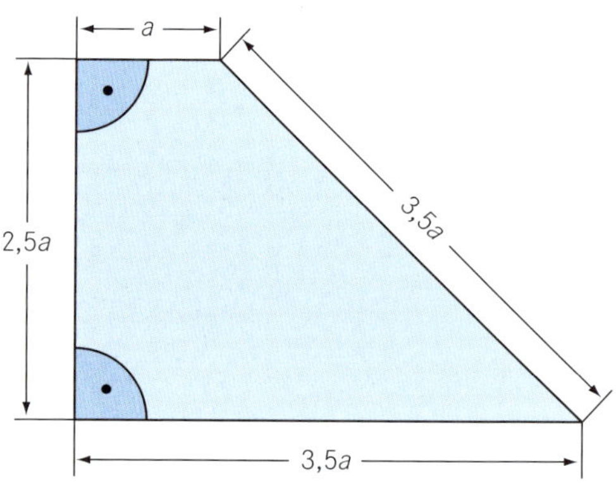

# Test 6. Klasse

**81** Wo liegt $\frac{15}{18}$ auf diesem Zahlenstrahl? |2|

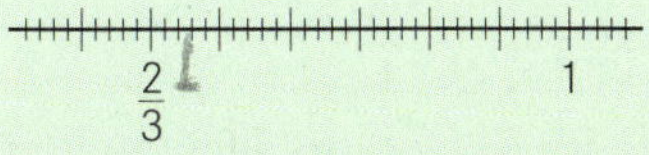


**82** Welche der folgenden Brüche sind gleich 1,2, welche nicht? |2|

$\frac{13}{10}$; $\frac{15}{10}$; $\frac{6}{5}$; $\frac{24}{20}$; 1,20; $\frac{122}{100}$; $1 + \frac{1}{5}$

**83** Ordne der Größe nach. Beginne mit der kleinsten Zahl. |2|

$\frac{7}{10}$; $\frac{3}{5}$; 0,480; $\frac{97}{100}$; 1

**84** Welche Zahl ist um ein Hundertstel kleiner als $\frac{7}{25}$? |1|

**85** Eine Summe beträgt $\frac{21}{40}$, ein Summand davon ist $\frac{3}{10}$.
Wie heißt der 2. Summand? |3|

**86** Um wie viele Gramm unterscheiden sich 0,75 kg und 655 g? |1|

**87** Berechne den Quotienten aus der Differenz von $\frac{3}{5}$ und 0,24 und der Summe der beiden Zahlen. |3|

**88** Finde die fehlenden Zahlen. |3|

10,75 + 8,1__ + 0,98 + __,05 =26,__3

**89** Ein erschlossenes Gelände soll in rechteckige Parzellen für Eigenheim-Grundstücke aufgeteilt werden. In der Mitte ist eine Straße geplant, links und rechts sollen gleich große Grundstücke mit jeweils 600 $m^2$ Fläche angelegt werden (siehe Skizze). Wie viele Parzellen können vergeben werden? |4|

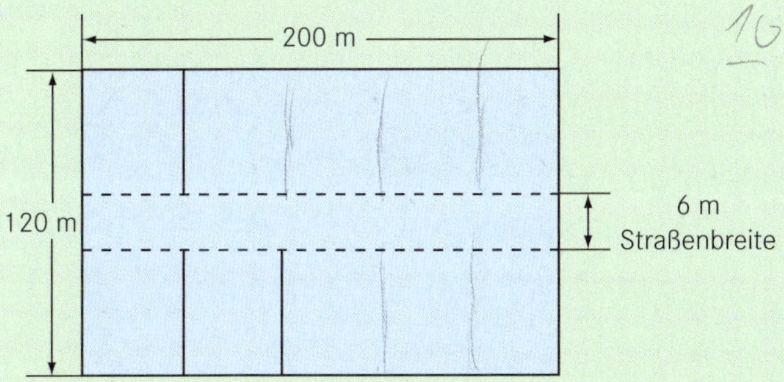

**90** Pflastersteine aus Beton haben die in der Skizze angegebenen Maße. Die Höhe des Steines beträgt 6,5 cm; die Aussparungen sind 2 cm · 2 cm groß. 1 $cm^3$ Beton hat eine Masse von 2,6 g. Berechne die Masse von 250 solcher Steine in Tonnen. |5|

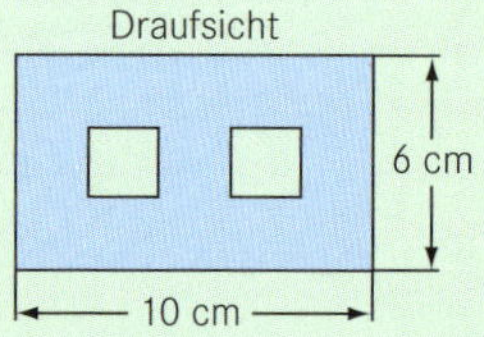


**91** Gegeben ist ein Punkt *S*.
a) Zeichne die beiden Strahlen *a* und *b* mit dem gemeinsamen Anfangspunkt *S*. |2|
b) Konstruiere die Halbierende des so entstandenen Winkels.

**92** Ergänze die Tabelle. |2|

| | Note 1 | Note 2 | Note 3 | Note 4 | Note 5 | Note 6 |
|---|---|---|---|---|---|---|
| Anzahl | 2 | 5 | 6 | 6 | | |
| Bruchteil der Klasse | $\frac{2}{25}$ | $\frac{1}{5}$ | | | | $\frac{1}{25}$ |

**93** Daniels 4 Jahre älterer Bruder Fred fährt ein Moped. Damit legt er durchschnittlich in einer Stunde 50 km zurück und verbraucht dabei 0,9 l Kraftstoff. Wie viel Liter Kraftstoff verbraucht Fred bei einer Ferienfahrt über 380 km? Runde sinnvoll. |3|

**94** Oma, Mutter, Vater und Henry spielen „Mensch-ärgere-dich-nicht". Wie viele Möglichkeiten gibt es für den Spielausgang? In wie vielen gewinnt Oma? |3|

**95** Die Skizze zeigt die Umrisse eines Schulgartengeländes. |7|
Es soll durch einen sogenannten „Försterzaun" begrenzt werden.
Ein Zaunfeld ist 5 m lang und kostet 18,95 €.
a) Wie viele Euro kostet die gesamte Umzäunung?
b) $\frac{2}{5}$ des Geländes entfallen auf Wege, Pausenplatz, Kompost, Stellfläche für den Schuppen etc. Wie viele Quadratmeter werden für den Pflanzenanbau genutzt?

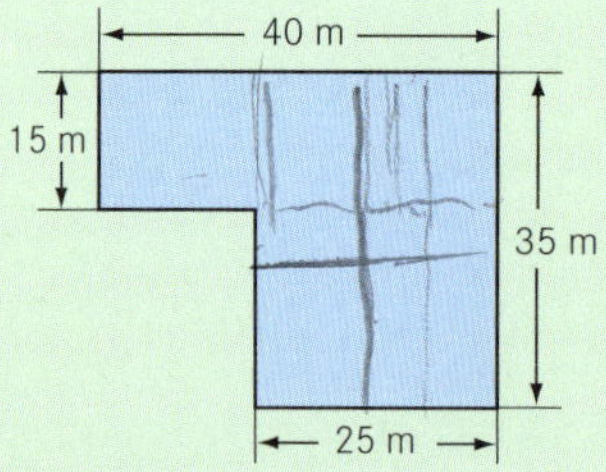

3

# Textaufgaben für die 7. Klasse

## Rechenregeln für rationale Zahlen

### Addieren und Subtrahieren

$0 - x = -x$ $x + (-y) = x - y$ $x - (+y) = x - y$ $x - (-y) = x + y$

### Multiplizieren und Dividieren

$(-1) \cdot (-x) = x$ $-(-x) = x$ $(-x) \cdot (-x) = x^2$ $(-1) \cdot (x) = -x$

## Äquivalenzumformungen

### Äquivalenzumformungen

Definition: Gleichungen sind zueinander äquivalent, wenn sie die gleiche Lösungsmenge haben.Äquivalenzumformungen sind:

- ▷ Addieren und Subtrahieren eines Terms auf beiden Seiten der Gleichung
- ▷ Multiplizieren beider Seiten mit Termen, die ungleich Null sind
- ▷ Dividieren beider Seiten durch Terme, die ungleich Null sind

### Keine Äquivalenzumformung

Multiplizieren mit und Dividieren durch Null. Multipliziert man mit bzw. dividiert man durch Terme mit Variablen, so ist der Fall auszuschließen, in dem der Term Null wird.

### Eingeschränkt möglich

Potenzieren beider Seiten (keine Äqivalenzumformung). Es können sog. Scheinlösungen entstehen, die durch eine Probe ausgeschlossen werden müssen. (Beispiel: $x = 1$ quadriert ergibt $x^2 = 1$, Lösung dieser Gleichung ist auch $x = -1$.)

### Zu beachten bei Ungleichungen

Multipliziert man mit bzw. dividiert man durch Terme kleiner Null, so kehrt sich das Relationszeichen um (aus „größer als“ wird „kleiner als“ und umgekehrt.)

## Prozentrechnung

**Prozentformel**

$W = G \cdot \frac{p}{100}$ $G$: Grundwert, $W$: Prozentwert, $p$: Prozentsatz

## Rechnen mit Potenzen

**Bezeichnungen**

Exponent

$a^b = c$ — Potenzwert; ($a \neq 0$)

Basis

**Rechenregeln**

$a^2 \cdot a^3 = a^{2+3} = a^5$ $a^5 : a^3 = a^{5-3} = a^2$

$((a^2)^3)^4 = a^{2 \cdot 3 \cdot 4} = a^{24}$ $a^{-n} = \frac{1}{a^n}$

## Dreieckskonstruktionen

| Bezeichnung | Bedingungen | Kurze Hinweise zur Vorgehensweis |
|---|---|---|
| sss | Die beiden kürzeren Seiten müssen zusammen länger sein als die größte Seite. | ■ Zeichne eine Seite.<br>■ Trage die Längen der beiden anderen Seiten mit dem Zirkel an den Enden ab.<br>■ Der Schnittpunkt der Kreisbögen zeigt den dritten Eckpunkt. |
| sws | Der gegebene Winkel liegt zwischen den gegebenen Seiten. | ■ Zeichne die gegebenen Seiten mit dem gegebenen Winkel.<br>■ Die dritte Seite ergibt sich. |
| wsw | Die beiden gegebenen Winkel liegen an der gegebenen Seite und sind zusammen kleiner als 180°. | ■ Zeichne die gegeben Seite.<br>■ Zeichne an den Endpunkten Halbgeraden in den gegebenen Winkeln.<br>■ Der Schnittpunkt der Halbgeraden zeigt den dritten Eckpunkt. |
| ssw | Eine eindeutige Lösung existiert, wenn der Winkel der größeren Seite gegenüberliegt. Liegt er gegenüber der kleineren Seite, kann es keine, genau eine oder zwei Lösungen geben. | ■ Zeichne die Seite, an der der gegebene Winkel liegt.<br>■ Zeichne am einen Endpunkt im gegebenen Winkel eine Halbgerade, trage am anderen Endpunkt die Länge der zweiten Seite mit dem Zirkel ab.<br>■ Der Schnittpunkt von Halbgeraden und Kreisbogen zeigt den dritten Eckpunkt. |

Mittelpunkt des Inkreises eines Dreiecks: Schnittpunkt der Winkelhalbierenden
Mittelpunkt des Umkreises eines Dreiecks: Schnittpunkt der Mittelsenkrechten

## 3.1 Rechnen mit rationalen Zahlen

**Worum geht es?**

Der Zahlenbereich wird auf rationale Zahlen ausgeweitet, es wird also mit positiven und negativen Zahlen gerechnet. Auch wenn sich damit der grundsätzliche Aufbau von Textaufgaben nicht ändert, so erhöht sich doch die Gefahr von Verwechslungen und die Aufgaben werden komplexer. Es kommt noch mehr darauf an, sorgfältig zu lesen und zu überlegen.

**Was du wissen und können solltest**

- Du solltest die Rechenregeln für positive und negative Zahlen beherrschen.
- Du solltest Gleichungen selbstständig und sicher lösen können.

### 3.1.1 Addieren und Subtrahieren von rationalen Zahlen

**Beispiel**

Die Zahl –1,5 ist um eine Zahl so zu vermindern, dass die Differenz +3 ergibt.
Wie heißt der Subtrahend?
Scheinbar steckt in dieser Aufgabe ein Widerspruch: Man „vermindert“ eine negative Zahl, doch die Differenz ergibt eine positive Zahl und ist sogar größer als der Minuend.

Vorüberlegung:
$-1{,}5 - x = 3 \rightarrow -1{,}5 - (-4{,}5) = 3 \rightarrow -1{,}5 + 4{,}5 = 3$

($-4{,}5$) erfüllt die Bedingung

Lösung mit einer Gleichung:

$$-1{,}5 - x = 3 \quad | +x$$
$$-1{,}5 = 3 + x \quad | -3$$
$$-4{,}5 = x$$

Der Minuend ist –4,5.

**96** **Der Subtrahend einer Aufgabe ist $-\frac{7}{4}$; die Differenz beträgt 1. Wie heißt der Minuend?**

**97** **Zwei Zahlen unterscheiden sich um 0,3. Davon ist die zweite Zahl die größere von beiden. Die Summe beider Zahlen ist –1,1. Wie heißt die erste und wie heißt die zweite Zahl?**

**98** **Die Differenz aus –170 und einer weiteren Zahl ist 0. Wie heißt die 2. Zahl?**

### 3.1.2 Multiplizieren und Dividieren von rationalen Zahlen

**Erinnere dich!**

Multipliziert man zwei negative Zahlen, so ist das Ergebnis positiv, multipliziert man eine negative und eine positive Zahl, so ist das Ergebnis negativ.

**Beispiel**

Wenn man 3,2 vervielfacht, ergibt sich −16. Wie heißt der 2. Faktor?

Vorüberlegung:
Der erste Faktor ist positiv, das Produkt negativ. Der 2. Faktor muss also negativ sein.

Lösung mit einer Gleichung:

$$3{,}2 \cdot x = -16 \qquad | :3{,}2$$
$$x = -16 : 3{,}2$$
$$x = -5$$

Der zweite Faktor ist −5.

**99** **Gesucht ist der Divisor, der beim Dividenden 18 den Quotienten −5 ergibt.**

**100** **Das 1,5-fache einer Zahl und dazu das 2,5-Fache derselben Zahl ergibt −0,24. Welche Zahl ist das?**

**101** **Diese Aufgabe kann man im Kopf lösen.**
**Das Produkt zweier aufeinanderfolgender negativer ganzer Zahlen ergibt 110. Wie heißen die beiden Zahlen?**

### 3.1.3 Aufgaben mit allen vier Rechenarten

**Worum geht es?**

Auch um Textaufgaben mit rationalen Zahlen zu lösen, muss aus dem Aufgabentext eine Gleichung aufgestellt werden. Diese Gleichung kann oft durch inhaltliche Überlegungen gelöst werden. So kann man oft aus den Vorzeichen der gegebenen Zahlen auf das Vorzeichen einer gesuchten Zahl schließen.

**Beispiel**

Die Summe aus −125 und +65 soll so vervielfacht werden, dass das Produkt +120 ergibt. Wie heißt der zweite Faktor $f$ (Mit welcher Zahl wird „vervielfacht"?)

Gleichung: $(-125 + 65) \cdot f = 120$
1. Überlegungsschritt: $(-60) \cdot f = 120$
2. Überlegungsschritt: Das Produkt ist positiv, also muss f negativ sein.
$(-60) \cdot (-2) = 120$

Antwort: Der zweite Faktor $f$ ist −2.

**102** **Die Summe aus −10 000 und −20 000 wird durch die Differenz beider Zahlen dividiert. Wie lautet der Quotient?**

**103** **Das Produkt von einer unbekannten Zahl und −0,3 wird um −0,6 vermindert. Die Differenz ergibt 0. Welche Zahl ist das?**

**104** **Teilt man 12,5 durch −2,5 und vermehrt den Quotienten um eine gewisse Zahl, dann ergibt die Summe Null. Welche Zahl ist das?**

**105** **Teilt man eine Zahl durch die Differenz von −0,3 und −1,2, so ergibt sich als Quotient −1. Wie heißt der Dividend?**

**106** **Wird das Produkt aus einer Zahl und −124 um −248 vermindert, heißt die Differenz +124. Ermittle den unbekannten Faktor.**

## 3.2 Gemischte Aufgaben und Zahlenrätsel

**Worum geht es?**

Stellt man aus Aufgabentexten Gleichungen auf, lassen sich oft auch zunächst unübersichtlich aussehende Aufgaben bewältigen. Das gilt auch für viele „Zahlenrätsel".

**Was du wissen und können solltest**

Du solltest Gleichungen äquivalent umformen und nach einer Variablen auflösen können. Denke daran, stets eine Probe an der Ausgangsgleichung oder am Text zu machen.

**Beispiel**

Eine natürliche Zahl wird verdoppelt und −125 werden hinzugefügt. Das Ergebnis dieser Rechnung ist der Nachfolger der unbekannten Zahl.
Aufstellen der Gleichung:
Eine Zahl ($x$) wird verdoppelt ($2x$), −125 werden hinzugefügt ($2x + (-125)$) und dies entspricht dem Nachfolger der Zahl ($x + 1$)

$$\rightarrow \quad 2x + (-125) = x + 1$$
$$2x - 125 = x + 1 \qquad | +125$$
$$2x = x + 126 \qquad | -x$$
$$x = 126$$

Die gesuchte Zahl ist 126.

Probe am Text:
Die Zahl wird verdoppelt: 252; $252 + (-125) = 252 - 125 = 127$; 127 ist der Nachfolger von 126.

**107** **Die Differenz zwischen 34 800 und dem Hundertfachen einer rationalen Zahl *r* wird durch 10 dividiert. Der Quotient ergibt das Fünfzigfache von *r*. Berechne *r*.**

**108** **Die Summe von drei aufeinanderfolgenden ganzen Zahlen ergibt um 345 600 vermehrt 0. Wie heißen die drei Zahlen?**

**109** **Ein Dezimalbruch wird verzehnfacht und um 1,2 vermindert. Diese Differenz ist gleich dem 5-Fachen des Bruches, vermehrt um 0,3. Wie heißt dieser Dezimalbruch?**

**110** **Die Summe aus einer unbekannten Zahl und 0,45 wird halbiert. Das ergibt ebenso viel wie diese Zahl, vermehrt um 1. Wie heißt die unbekannte Zahl?**

## 3.3 Sachaufgaben: Verteilungsaufgaben

**Worum geht es?**

Auch Sachaufgaben lassen sich oft recht einfach bewältigen, wenn eine der Unbekannten mit einer Variable bezeichnet wird und die Verbindungen zwischen den gesuchten Größen als Gleichungen dargestellt werden.

## Wie gehst du vor?

- ▷ Überlege dir, welche Unbekannte du mit einer Variablen (z. B. $x$ oder $a$) bezeichnen möchtest und unterstreiche die entsprechende Aussage im Text.
- ▷ Die weiteren Angaben werden dann bezogen auf diese Variable dargestellt.
- ▷ Es gibt oft mehrere Möglichkeiten für die Größe, die als „Basisvariable“ gewählt wird. Wichtig ist auch hier, die Texte sorgfältig zu lesen und so die Angaben im Text richtig zuzuordnen.

## Beispiel

Mutter, Vater, Jörg und Anke fahren zu einem Erdbeerfeld, wo man selbst ernten darf. Am Schluss wird abgerechnet: Mutter hat die größte Menge gepflückt, Vater brachte es auf 1 Pfund (1 Pfund = 0,5 kg) weniger als Mutter. Jörg und Anke erreichten gemeinsam die gleiche Menge wie Mutter. Insgesamt bezahlte Vater für die Gesamtmenge von 14 Pfund am Feldrand beim Besitzer 21 €. Wie viele Pfund pflückte jeder?

Eine Lösungsmöglichkeit:
Mutters Menge wird mit $x$ (in Pfund) bezeichnet. Dann sind:
Vaters Menge: $x - 1$
Jörgs Menge: $0{,}5x$
Ankes Menge: $0{,}5x$
Gesamtmenge: $x + x - 1 + 0{,}5x + 0{,}5x = 14$

$$3x - 1 = 14$$
$$3x = 15$$
$$x = 5$$

Lösung: Mutter pflückte 5 Pfund, Vater 4 Pfund und die beiden Kinder je 2,5 Pfund, insgesamt sind das 14 Pfund.

**111** **Löse die Beispielaufgabe, indem du „Vaters Menge“ $x$ zuordnest.**

**112** **Beim touristischen Staffellauf durch unterschiedliches Gelände sind vier Teilstrecken zu durchlaufen. Die vier Jungen vom Schiller-Gymnasium benötigten für die Gesamtstrecke genau 2,5 Stunden. Mit dieser Zeit belegte diese Mannschaft von 11 teilnehmenden Schulen den 4. Platz. Rudi, der als Erster lief und die längste und schwerste Teilstrecke bewältigte, brauchte für seine Strecke die meiste Zeit. Carsten benötigte für die zweite Teilstrecke 3 Minuten weniger als Rudi. Toni, als 3. startend, schaffte die kürzeste und einfachste Strecke genau in der halben Zeit von Rudi. Jens, der 4. Starter der Mannschaft, brauchte für seine Teilstrecke 3 Minuten mehr als Toni. Gib die einzelnen Zeiten der vier Läufer an.**

113 Die Tageswanderung der Klasse 7a begann an einem sonnigen Maitag um 7:30 Uhr an der Schule. Ein Bus holte die Schüler ab und legte die Strecke bis zum Forsthaus in Neustadt in knapp zwei Stunden zurück. Danach ging es zu Fuß weiter. Diese Strecke betrug $\frac{1}{25}$ der Busstrecke. Eine Mittagspause von knapp einer Stunde gab es am Gondelteich. Die zweite Wanderstrecke war einen Kilometer kürzer als die erste Etappe. Zurück ging es mit der Bahn. Da der Triebwagen eine andere Route nehmen musste als der Bus, war die Bahnstrecke 5 km länger als die Buslinie. Freddy hatte genau aufgepasst und stellte fest: „Insgesamt – also mit Bus, Wanderung und Bahn – haben wir heute 264 km zurückgelegt." Wie lang (in km) war die erste Wanderstrecke?

114 Thomas hat insgesamt 455 Briefmarken. Davon sind dreimal soviel Marken aus der BRD wie aus der ehemaligen DDR. Außerdem hat er 40 ausländische Marken mehr als solche aus der DDR. Wie viele von Thomas' Briefmarken sind aus der BRD?

115 Eine Gärtnerei hat 675 $m^2$ Anbaufläche unter Glas (Gewächshäuser). Die größte Fläche dient der Aufzucht von Frühgemüse. Auf einer halb so großen Fläche wachsen Edelnelken. Die Fläche für Gerbera ist wiederum halb so groß wie die Fläche für die Nelken. 150 $m^2$ werden für Topfpflanzen gebraucht. Wie groß ist die Fläche für Frühgemüse?

## 3.4 Gemischte Sachaufgaben

**Worum geht es?**

In vielen Sachaufgaben werden verschiedene mathematische Themen verknüpft, neben dem Rechnen mit Zahlen und Größen wird auch Geometrie oder Prozentrechnung zur Lösung gebraucht. Solche Aufgaben sind oft sehr lebensnah – stellen sich im Alltag mathematisch zu bewältigende Probleme, so lassen sich die selten auf einen Themenbereich beschränken.

**Erinnere dich!**

Bei Aufgaben zur Prozentrechnung ist es entscheidend, Grundwert und Prozentwert richtig zuzuordnen.

**116** a) Eine gefällte Fichte verjüngt ihren Durchmesser zur Spitze hin pro Meter um 10 mm. An der unteren Schnittstelle hat der Baum einen Durchmesser von 24 cm. Wie groß ist dann der Stammdurchmesser am oberen Ende bei einer Baumlänge von 18 m?

b) Berechne das Volumen des gesamten Stammes nach der Näherungsformel $V = [(A_1 + A_2) : 2\,] \cdot$ Baumlänge. Dabei ist $A_1$ die Querschnittsfläche (Kreisfläche) am unteren Ende und $A_2$ die Querschnittsfläche am oberen Ende.

**117** In einem Leitungsrohr von 2 Zoll (1 Zoll = 25,4 mm) Durchmesser strömt das Wasser mit einer Geschwindigkeit von $2\frac{\text{m}}{\text{s}}$. Wie viele Liter Wasser sind das in einer Viertelstunde?

**118** Eine Kupferschablone ist 2,5 mm dick. Sie besteht aus einem Quadrat mit einer Seitenlänge von 80 mm, aus dem Viertelkreise ($r$ = 20 mm) ausgeschnitten sind. Wie viele Kilogramm wiegen 200 dieser Schablonen, wenn 1 $\text{cm}^3$ Kupfer eine Masse von 8,9 g hat?

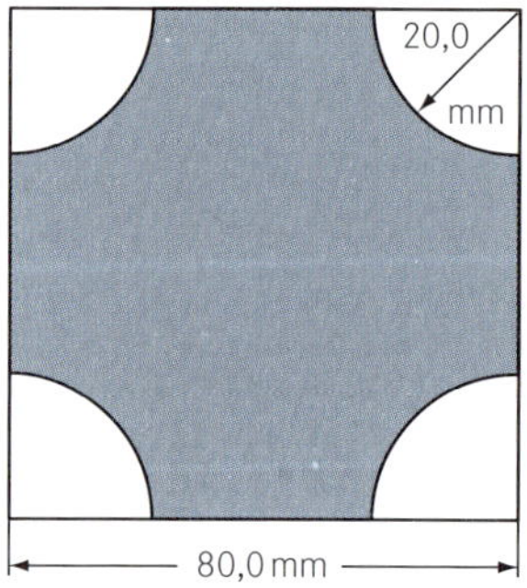


**119** a) Wie viele Kilogramm wiegt ein Bandstahl von 2,4 m Länge bei einem rechteckigen Querschnitt von 2,8 $\text{cm}^2$? 1 $\text{cm}^3$ Stahl hat eine Masse von 7,85 g.

b) Wie lang müsste ein solcher Bandstahl gleichen Querschnitts sein, wenn er 1 kg wiegen soll?

**120** Stahlrohre wurden so gestapelt, wie es die Skizze zeigt:

a) Zeichne den Stapel für 15 Rohre nach diesem Prinzip.

b) Wie viele Rohre sind vorhanden, wenn der Stapel 7 Schichten hat?

c) Wie viele Schichten braucht man für 55 Rohre?

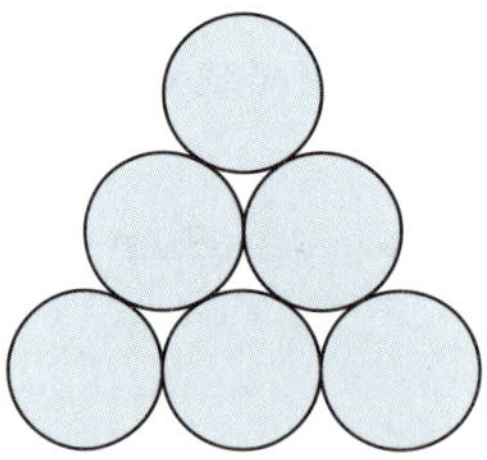

**121** a) Max hat das Sparbuch mit einem Betrag von 100 €, das er von seiner Oma zu seinem 10. Geburtstag bekam, drei Jahre nicht angerührt.
Die Bank gibt pro Jahr 2,25 % Zinsen. Nun möchte er sich eine Digitalkamera für 110,75 € kaufen. Wie viele Euro von seinem Taschengeld muss er dazu noch „opfern"?

b) Max' ältere Schwester Mandy trägt jede Woche Werbematerial aus und erhält bisher dafür monatlich 125 €. Da sie fortan ein Werbematerial mehr austrägt, bekommt sie jeden Monat 12,5 % mehr Entgelt. Wie viele Euro bekommt Mandy nun monatlich?

## 3.5 Dreieckskonstruktionen

### Worum geht es?

In diesem Abschnitt sind Fertigkeiten im Konstruieren von Dreiecken gefragt. Es geht nicht zuletzt um Sorgfalt und Genauigkeit beim Zeichnen. Wichtig ist aber auch die richtige Anwendung von Sätzen zum Dreieck.

### Was du wissen und können solltest

- ▷ Du solltest die Kongruenzsätze und den Satz des Thales beherrschen.
- ▷ Du solltest die folgenden Bergriffe am Dreieck kennen: Höhe, Winkelhalbierende, Mittelsenkrechte, Seitenhalbierende, Inkreis, Umkreis.

### Erinnere dich!

Um ein Dreieck konstruieren zu können, müssen gegeben sein: drei Seiten (sss) oder zwei Seiten und der eingeschlossene Winkel (sws) oder eine Seite und zwei anliegende Winkel (wsw) oder zwei Seiten und der der größeren Seite gegenüberliegende Winkel (ssw).

**122** Die längste Seite im rechtwinkligen Dreieck *ABC* ist *a* mit 6,4 cm. Gegeben ist noch der Winkel $\beta = 35°$. Konstruiere dieses Dreieck.

**123** a) Konstruiere das Dreieck *ABC* mit $c = 5{,}5$ cm. Die Innenwinkel verhalten sich wie $\alpha : \beta : \gamma = 1 : 1 : 2$.

b) Konstruiere den Umkreis dieses Dreiecks.

124 Von einem gleichschenkligen Dreieck *ABC* ($a = c$) ist die Strecke $\overline{BD} = 4{,}8$ cm gegeben, die gleichzeitig die Winkelhalbierende von $\beta$ ist. Bekannt ist noch $\alpha = 55°$. Konstruiere dieses Dreieck.

125 Von einem gleichseitigen Dreieck *ABC* ist nur die Seitenhalbierende $s_a = 5{,}0$ cm gegeben. Falls man dieses Dreieck konstruieren kann, dann versuche es und begründe deine Vorgehensweise.

# Test 7. Klasse

**126** Ergänze die Tabelle. |4|

| $a$ | $b$ | $a - b$ | $\lvert a + b \rvert$ |
|---|---|---|---|
| +3,3 | −2,7 | | |
| −16 | −1 | | |

**127** Welcher Wert für $x$ ist richtig? Kreuze an. |1|
$(x - 2)^2 : 2 = 2$
a) $x = -2$ b) $x = -4$ c) $x = 4$

**128** $|x - 3| = 4$; $x \in \mathbb{N}$. Welches sind richtige Lösungen? |1|
a) $x = -1$ b) $x = 1$ c) $x = 7$ d) $x = 0$

**129** Gib die Lösungsmenge im Bereich der ganzen Zahlen der Gleichung $10x - 2 = 5x - 5$ an. |2|

**130** Die Differenz aus dem Doppelten von −1,25 und der Hälfte einer zweiten Zahl ist Null. Wie heißt der Subtrahend? |3|

**131** Die Summe von vier aufeinanderfolgenden ungeraden natürlichen Zahlen ergibt 440. Wie heißt die letzte Zahl? |5|

**132** Für die Längen der beiden Seiten $a$ und $b$ eines Rechtecks $ABCD$ gilt $a : b = 1 : 3$; der Umfang des Rechtecks beträgt $u = 400$ mm. |2|
Kreuze das richtige Ergebnis an: $b = 120$ mm; $b = 180$ mm; $b = 150$ mm.

**133** Familie Meurich muss eine Mieterhöhung von 2,5 % akzeptieren und zahlt nun monatliche 676,50 € Warmmiete. Wie hoch war die ursprüngliche Mietsumme? |4|

**134** Zum Schulfest sind auf einem Glücksrad die Zahlen 1 bis 12 in gleich großen Abständen markiert. Der Hauptgewinn wird von dem erreicht, der zweimal nacheinander die 7 dreht. Wie groß ist die Chance für einen Hauptgewinn (in Prozent) |2|

**135** In einer Urne befinden sich 4 rote, 3 blaue und 5 weiße Kugeln gleicher Größe und gleicher Masse. Wie oft muss man nacheinander genau eine Kugel herausnehmen (ohne Zurücklegen), um mit Sicherheit eine weiße Kugel zu erhalten? |2|

136 Ergänze die fehlenden absoluten und relativen Häufigkeiten dieses Notenspiegels. |3|

| Note 1 | Note 2 | Note 3 | Note 4 | Note 5 | Note 6 |
|---|---|---|---|---|---|
| 3 | | 6 | 3 | | |
| 15 % | 25 % | | 15 % | 10 % | |

137 In einem rechtwinkligen Dreieck *ABC* (rechter Winkel bei *C*) hat der Winkel $\beta$ die Größe 65°.
Welche ist die kürzeste Seite des Dreiecks? |1|

138 Die drei Innenwinkel eines Dreiecks verhalten sich wie 2 : 3 : 4.
Die längste Seite ist 4,8 cm.
a) Konstruiere dieses Dreieck. |4|
b) Konstruiere den Inkreis des Dreiecks. |2|

139 Konstruiere den Umkreis zum abgebildeten Dreieck *ABC*. |2|

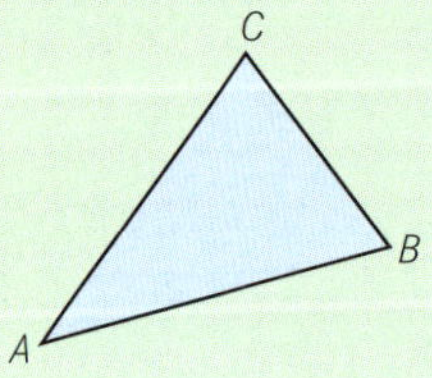


140 Konstruiere den Rhombus (die Raute) *ABCD* aus den gegebenen Stücken. |2|

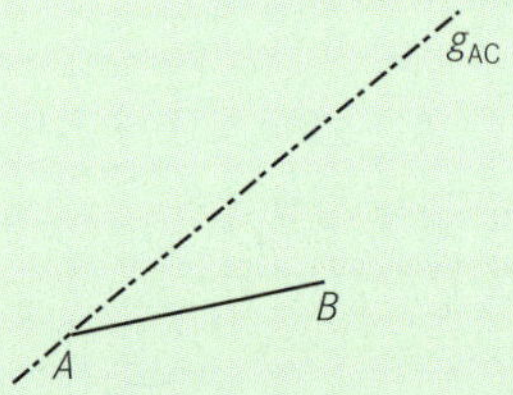


141 1,2 m eines bestimmten Profilstahles haben eine Masse von 3,6 kg.
Welche Masse haben 5 derartige Profilstähle von 1,5 m Länge? |4|

142 Ein kleiner Landwirtschaftsbetrieb bebaut insgesamt 22 ha mit Mais, Rüben, Kartoffeln und Getreide. Die kleinste Fläche nimmt der Mais in Anspruch. Rüben werden auf einer Fläche angepflanzt, die einen Hektar größer ist als die für Mais. Die Fläche für Kartoffeln ist halb so groß wie die Fläche für Mais und Rüben zusammen. Wie viele Hektar sind für Getreide vorgesehen, wenn diese Fläche doppelt so groß wie die „Rübenfläche" ist? |5|

# Textaufgaben für die 8. Klasse

## Binomische Formeln

### Auflösen von Klammern

$(a + b)^2 = a^2 + 2ab + b^2$ $\qquad$ $(a - b)^2 = a^2 - 2ab + b^2$ $\qquad$ $(a + b) \cdot (a - b) = a^2 - b^2$

## Lösungsmethoden für Lineare Gleichungssysteme

### Gleichsetzungsverfahren

Beide Gleichungen werden nach derselben Variablen aufgelöst und dann gleichgesetzt.

### Einsetzungsverfahren

Eine Gleichung wird nach einer Variablen aufgelöst und der so gewonnene Ausdruck wird in die zweite Gleichung eingesetzt.

### Additionsverfahren

Die Gleichungen werden addiert oder subtrahiert. Damit kann eine Variable wegfallen.

## Kreis und Kugel

### Vollkreis

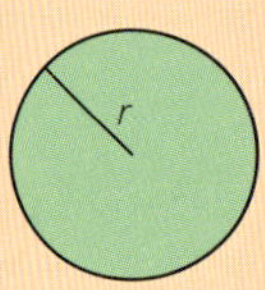


Kreisfläche:
$A = \pi r^2$

Kreisumfang:
$u = 2\,\pi r$

### Kreissektor

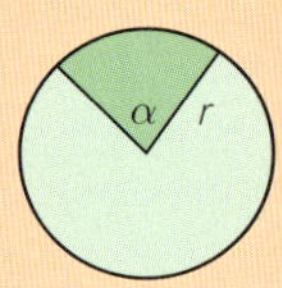


Fläche des Sektors:
$A = \pi r^2 \cdot \frac{\alpha}{360°}$

Kreisbogen:
$l = 2\,\pi r \cdot \frac{\alpha}{360°}$

### Kreisring

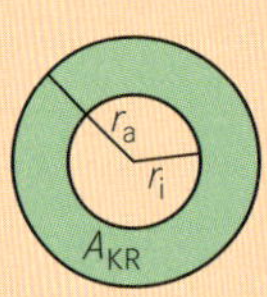


Flächeninhalt:
$A_{KR} = \pi \cdot r_a^2 - \pi \cdot r_i^2$
$= \pi \cdot (r_a - r_i) \cdot (r_a + r_i)$

### Kugel

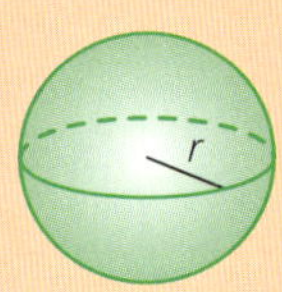


Volumen:
$V = \frac{4}{3} \cdot \pi \cdot r^3$

Oberfläche:
$O = 4 \cdot \pi \cdot r^2$

## Flächenberechnungen

### Parallelogramm

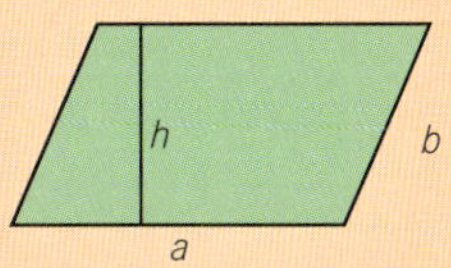


Flächeninhalt: $A = a \cdot h$

Umfang: $u = 2a + 2b$

### Trapez

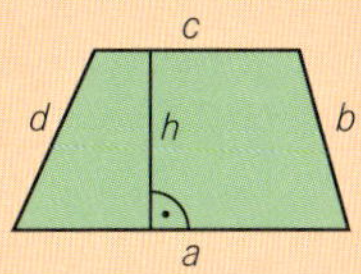


Flächeninhalt: $A = \frac{a + c}{2} \cdot h$

Umfang: $u = a + b + c + d$

## Oberfläche und Volumen von Pyramide, Kegel, Prisma und Zylinder

### Quadratische Pyramide

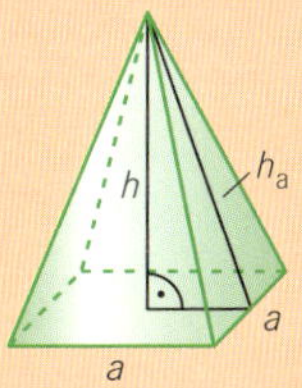


Volumen: $V = \frac{1}{3} \cdot a^2 \cdot h$

Mantelfläche: $M = 2 \cdot a \cdot h_a$

Oberfläche: $O = a^2 + 2 \cdot a \cdot h_a$

### Kegel

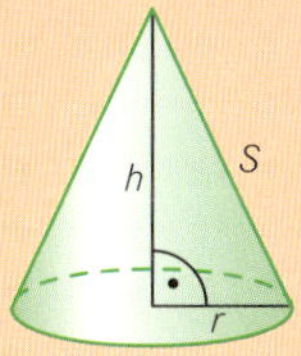


Volumen: $V = \frac{1}{3} \cdot \pi \cdot r^2 \cdot h$

Mantelfläche: $M = \pi \cdot r \cdot s$

Oberfläche: $O = \pi \cdot r^2 + \pi \cdot r \cdot s$

### Prisma

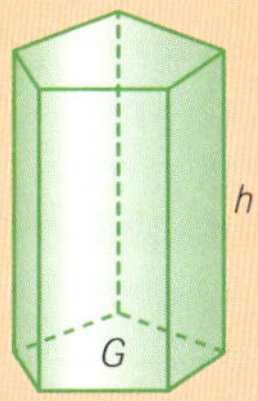


Volumen: $V = G \cdot h$

### Zylinder

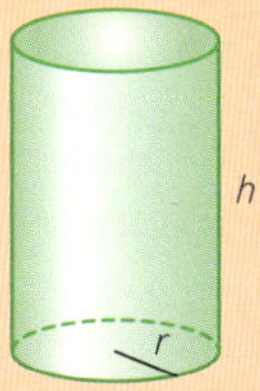


Volumen: $V = \pi \cdot r^2 \cdot h$

Oberfläche: $O = 2 \cdot \pi \cdot r^2 + 2 \cdot \pi \cdot r \cdot h$

## 4.1 Terme und Gleichungen

**Worum geht es?**

Terme musst du zur Lösung einer Aufgabe in der Regel umformen. Dazu können Klammern aufgelöst und ausmultipliziert werden, Ausdrücke zusammen gefasst und gleiche Ausdrücke gekürzt werden. Oft helfen die binomischen Formeln weiter. Wenn du Gleichungen umformst, musst du immer darauf achten, dass du nur Äquivalenzumformungen durchführst.

**Was du wissen und können solltest**

- ▷ Du solltest Terme vereinfachen und umformen können.
- ▷ Dir sollten äquivalente Umformungen von Gleichungen bekannt und vertraut sein, mit denen man die Gleichung schließlich lösen kann.
- ▷ Du kannst die Informationen aus Texten in Form von Termen und Gleichungen beschreiben.

### 4.1.1 Termumformungen

**Beispiel**

Der nachfolgende Term ist zu vereinfachen (zusammenfassen) und in ein Produkt umzuwandeln.

$$\begin{aligned} & a^2 + 6ab - b^2 - (4ab - 2b^2) \\ = \; & a^2 + 6ab - b^2 - 4ab + 2b^2 \\ = \; & a^2 + 2ab + b^2 \\ = \; & (a + b)^2 \end{aligned}$$

Im letzten Schritt wurde die binomische Formel angewendet.

**143** **Die Summe der beiden Variablen $r$ und $s$ ist zu verdoppeln. Von diesem Produkt ist das Dreifache von $r$ zu subtrahieren. Schreibe den Term auf und vereinfache.**

**144** **Die Summe aus dem Doppelten von $4u - 0{,}5v$ und dem Vierfachen von $0{,}25u + v$ ist gleich dem Dreifachen von $3u + v$. Überprüfe diese Behauptung.**

**145** **Die Summe aus dem Vierfachen von $p$ und dem Dreifachen von $s$ ist zu quadrieren. Davon ist das Quadrat von $-5p + 3s$ zu subtrahieren. Das Ergebnis ist soweit wie möglich zu vereinfachen.**

### 4.1.2 Umsetzen von Texten in Gleichungen

**Beispiel**

Zu einer natürlichen Zahl werden ihre nächsten beiden Nachfolger addiert. Die Summe ergibt 1005. Wie lautet die zweite Zahl?

Lösung: Die natürliche Zahl wird mit $n$ bezeichnet.
Ihre beiden Nachfolger sind dann $n + 1$ und $n + 2$.
Die Summe ist damit: $n + n + 1 + n + 2 = 1005$

$$3n + 3 = 1005$$
$$3n = 1002$$
$$n = 334$$

Antwort: Die zweite Zahl ist 335.

**146** An der Herder-Schule nehmen 45 Schülerinnen und Schüler an der Ganztagsausbildung teil. Am Dienstag Nachmittag sind einige davon im Chor, 3 weniger im Zeichenzirkel, doppelt so viele, wie im Zeichenzirkel malen, arbeiten an ihren Mathematik-Hausaufgaben und 6 Jugendliche gehen zum Nähzirkel. Wie viele Schülerinnen und Schüler sind im Chor?

**147** Familie Krell startet mit dem PKW um 6:45 Uhr in den Urlaub. Wegen hohem Verkehrsaufkommen brauchen sie für die ersten 250 km 3,5 Stunden. Eine Pause von 35 Minuten war dann sehr nötig. Für die 2. Etappe errechnete Sohn Phillip eine Durchschnittsgeschwindigkeit von 90 km/h. Um 12:10 Uhr erreichte man das Ziel. Wie viele Kilometer war Familie Krell unterwegs?

**148** Die Skizze zeigt drei aneinander grenzende Parkplätze.
Platz 1 hat eine Fläche von 2,1 a. Parkplatz 2 ist $\frac{1}{3}$ kleiner als Parkplatz 1. Parkplatz 3. ist halb so groß wie Parkplatz 1. Berücksichtigt man auch die Zugangswege, so sind pro PKW durchschnittlich 5 $m^2$ Standfläche vorgesehen.
Wie viele PKW können insgesamt parken?

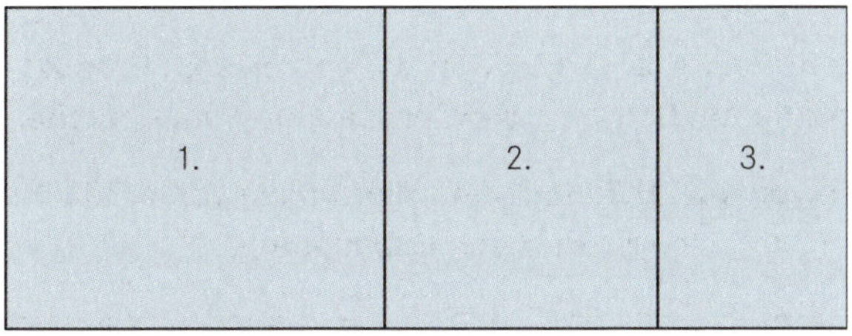


**149** Der kleine Betrieb „alpha-druck" bekommt eine neue Schneidemaschine. Die Verpackung wiegt ein Fünftel des Gewichts der Maschine allein. Die gesamte Lieferung hat ein Gewicht von 72,6 kg. Wie viele Kilogramm wiegt die Maschine?

## 4.2 Lineare Funktionen und lineare Gleichungssysteme

### 4.2.1 Lineare Funktionen

**Worum geht es?**

Eine lineare Funktion ist – grafisch dargestellt – eine Gerade und wird mit der Funktionsgleichung $y = mx + n$ beschrieben. Gleichung und Graph können bestimmt werden, wenn zwei Punkte auf der Geraden oder ein Punkt und die Steigung bekannt sind.

**Was du wissen und können solltest**

- ▷ Du solltest wissen, wie die Koordinaten eines Punktes definiert sind.
- ▷ Du solltest die Geradengleichung $y = mx + n$ und die Bedeutung von $m$ (Steigung) und $n$ (Schnittpunkt mit der $y$-Achse) kennen.
- ▷ Du solltest Geraden im Koordinatensystem zeichnen können.

**Beispiel**

Eine Gerade schneidet die $x$-Achse im Punkt $x_0 = 2$ und die $y$-Achse im Punkt $y_0 = +4$.

a) Gib die Geradengleichung an und zeichne die Gerade in das vorgegebene Koordinatensystem ein.

b) Berechne den Inhalt der Dreiecksfläche, die durch die Gerade und die beiden Achsen begrenzt wird.

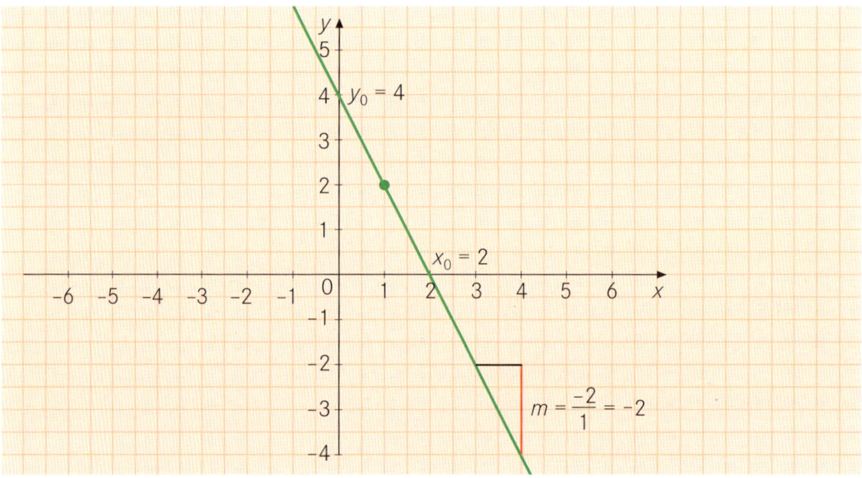

Lösung:

a) Man erkennt: $n = 4$ ; $m = -2 \rightarrow y = -2x + 4$.

b) Die Abschnitte auf den beiden Katheten des rechtwinkligen Dreiecks sind 2 Längeneinheiten und 4 Längeneinheiten lang
$\rightarrow A = (2 \cdot 4) : 2 = 4\ FE$ (Flächeneinheiten).

**150** **Der Graph einer linearen Funktion geht durch die Punkte $P_1(-4\,|\,-2)$ und $P_2(60\,|\,-34)$.**
**a) Gib die Gleichung dieser Geraden an.**
**b) Welche der Punkte $P_3(-124\,|\,56)$, $P_4(0{,}2\,|\,-4{,}1)$ und $P_5(-1244\,|\,618)$ gehören nicht zu dieser Geraden?**

**151** **Die Geraden $g_1$ ($y = x + 5$), $g_2$ ($y = -0{,}5x + 8$) und $g_3$ ($y = 0{,}2x + 1$) bilden mit ihren Schnittpunkten die Eckpunkte eines Dreiecks *RST*.**
**a) Gib die Koordinaten dieser drei Punkte an.**
**b) Berechne den Flächeninhalt des Dreiecks *RST* (1 Einheit = 0,5 cm).**

**152** **Eine Gerade *g* schneidet die *x*-Achse in $x_0 = -10$ und die *y*-Achse in $y_0 = 20$. Welche der beiden Geraden $g_1$ ($y = -2x + 3$) und $g_2$ ($-3y + 6x - 9 = 0$) verläuft parallel zu *g*? Begründe deine Aussage.**

## 4.2.2 Lineare Gleichungssysteme

### Worum geht es?

Wenn in einer Aufgabe mehrere Informationen miteinander verknüpft werden müssen, so führt dies oft zu einem linearen Gleichungssystem.

### Erinnere dich!

Werden zwei Größen gesucht, so braucht man auch zwei Gleichungen, also zwei Angaben über die gesuchten Variablen.

### Was du wissen und können solltest

- ▷ Du solltest wissen, wann ein lineares Gleichungssystem lösbar ist.
- ▷ Du solltest verschiedene Lösungsmethoden für lineare Gleichungssysteme kennen und anwenden können.

153 Die Summe zweier rationaler Zahlen ist −0,6, ihre Differenz beträgt −1. Für welche beiden Zahlen gilt das?

154 Die Seiten $b = 5{,}0$ cm und $d = 4{,}0$ cm eines rechtwinkligen Trapezes *ABCD* ($a \parallel c$ und $\alpha = 90°$) sind gegeben. Die parallelen Seiten unterscheiden sich in ihren Längen um 3,0 cm. Der Umfang des Trapezes misst 20,0 cm. Berechne den Flächeninhalt des Trapezes.

155 Im Baumarkt gibt es zwei Sorten lindgrüner Fassadenfarbe. Der 5-l-Eimer kostet 7,50 € mehr als ein 3-l-Eimer. Herr Kramer kauft 3 große Eimer und einen kleinen Eimer und zahlt dafür insgesamt 78,50 €. Wie viele Euro kostet ein großer Eimer Fassadenfarbe?

156 Pippi Kurzstrumpfs Schulweg, den sie mit dem Fahrrad bewältigt, ist insgesamt 4,5 km lang. Die Strecke der Hinfahrt ist wegen einer Einbahnstraße 0,6 km länger als die der Rückfahrt. Wie viele Kilometer beträgt Pippis Hinfahrt zur Schule?

157 Die beiden Streckenlängen *a* und *b* verhalten sich wie 3 : 7. Außerdem ist *a* 14 cm kürzer als *b*. Berechne *a* und *b*.

## 4.3 Oberfläche und Volumen von Körpern (Stereometrie)

**Was du wissen und können solltest**

Du kannst den Oberflächeninhalt und das Volumen von Quadern, Prismen und Zylindern berechnen und diese Körper auch darstellen. Die Formeln zur Berechnung dieser Größen kannst du nach einer Variablen umstellen.

**Beispiel**

Wie lang ist ein Aluminiumkabel, das bei einem Durchmesser von 2,0 mm eine Masse von 2,4 kg hat? (1 $cm^3$ Aluminium hat eine Masse von 2,7 g).

Formel für die Masse: $m = \varrho \cdot V$

$m = \varrho \cdot r^2 \cdot \pi \cdot l \quad (\varrho = 2{,}7\,\frac{g}{cm^3})$

Umstellen nach *l*: $l = \dfrac{m}{\varrho \cdot r^2 \cdot \pi}$

Einsetzen der Werte: $l = \dfrac{2400\ g}{2{,}7\,\frac{g}{cm^3} \cdot (0{,}2\ cm)^2 \cdot \pi}$

$\approx 7074\ cm \approx 71\ m$

Antwort: Das Kabel ist rund 71 m lang.

158 Ein T-Stahl hat bei einem Querschnitt von 4,5 $cm^2$ eine Masse von 4,8 kg. Welche Länge hat dieser Stahl ($\varrho = \frac{7{,}85\ g}{cm^3}$)?

159 Eine Erdaufschüttung zum Schutz vor Hochwasser hat folgende Maße: $a$ = 12,5 m; $b$ = 2,0 m; $h$ = 2,5 m.

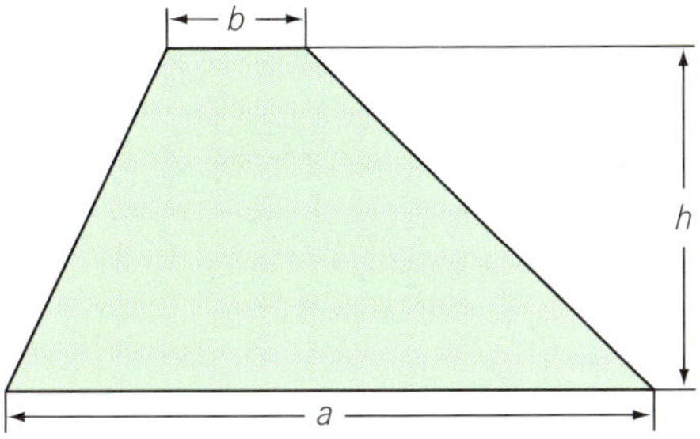


Die Erde stammt aus der Abraummasse eines nahegelegenen Tagebaus und wird mit 20-Tonner-LKW transportiert (maximale Ladung 20 t). 1 $m^3$ dieser Erde hat eine Masse von 2,2 t. Wie viele LKW-Fahrten sind das, wenn die Länge der Aufschüttung zunächst auf 1,2 km Länge beschränkt wird (runde sinnvoll)?

160 Die Skizze (nicht maßstabsgerecht) zeigt den Querschnitt einer sogenannten „Schwalbenschwanzführung“ für eine alte Drehmaschine. Es gilt: $a$ = 80,0 mm, $b$ = 140 mm, $c$ = 40,0 mm, $d$ = 36,0 mm und $e$ = 60,0 mm.
Berechne das Volumen dieses Werkstückes für eine Länge von $l$ = 75,0 cm.

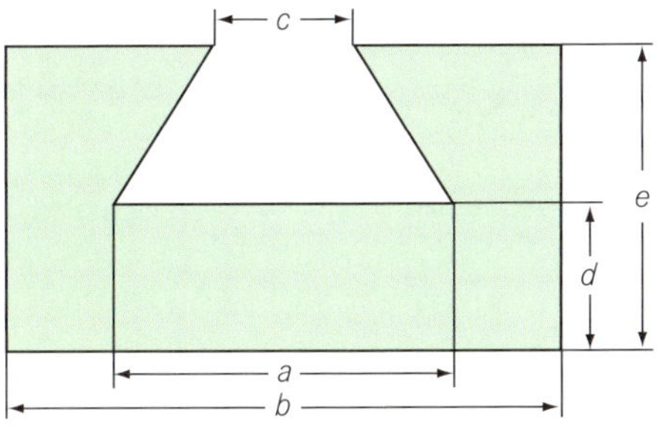


161 a) Von einem Messingrohr mit der Länge $l$ = 1,25 m, Außendurchmesser $d_a$ = 40,0 mm, Innendurchmesser $d_i$ = 35,0 mm ist das Gewicht zu ermitteln. 1 $cm^3$ Messing hat eine Masse von 8,5 g.

b) Messing ist eine Metalllegierung und enthält 30 % Zink. Wie viele Gramm Zink sind in dem Messingrohr enthalten?

162 Wie viele Kilogramm würde ein Aluminiumdraht mit $d$ = 4,0 mm ($\varrho = 2{,}7\ \frac{g}{cm^3}$) wiegen, den man von der Erde zu einer Raumstation in 20 km Höhe spannt und der dann natürlich frei im Raum hängen würde? Warum ist das technisch prinzipiell nicht möglich?

163 Herr Kresse holt beim Baumarkt Betonsteine ($\varrho = 2{,}6\ \frac{g}{cm^3}$), damit er seine Zufahrt zur Garage auslegen kann. Die Skizze (nicht maßstabsgerecht) zeigt die Draufsicht auf einen Stein. Die hohlen Stellen ermöglichen das Durchlaufen des Regenwassers. Die Abmessungen der Aussparungen sind 4 cm x 4 cm, die Höhe des Steines beträgt 6 cm. Die Zufahrt ist 4,5 m lang und 2 m breit. Betonsteine werden nicht „auf Lücke“ gesetzt.

a) Wie viele Steine sind mindestens erforderlich?

b) Berechne die Gesamtmasse aller Steine in Tonnen.

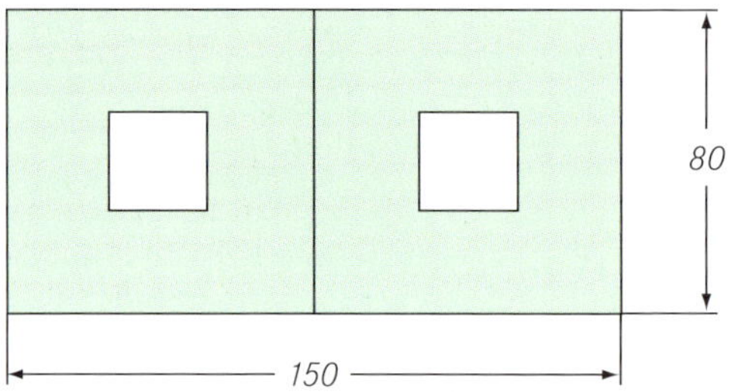


## 4.4 Wahrscheinlichkeitsrechnung: Laplace-Versuche

### Worum geht es?

Werden Zufallsversuche durchgeführt und sind bei einem Versuch alle möglichen Ausgänge gleich wahrscheinlich, so spricht man von einem Laplace-Versuche. Hierzu sollen einfache Beispiele gelöst werden.

### Erinnere dich!

Die Wahrscheinlichkeit eines Ereignisses $E$ berechnet sich nach der Formel

$$W = \frac{\text{Anzahl der für } E \text{ günstigen Ergebnisse}}{\text{Anzahl der möglichen Ergebnisse}}$$

### Was du wissen und können solltest

- ▷ Du solltest die Begriffe absolute Häufigkeit, relative Häufigkeit und Wahrscheinlichkeit kennen.
- ▷ Es ist wichtig, dass du die Regeln für die Kombination von Wahrscheinlichkeiten kennst.

**Beispiel**

Wie groß ist die Wahrscheinlichkeit, dass der Zeichenunterricht montags stattfindet?

Lösung: $E$ = Zeichenunterricht ist am Montag

Anzahl der günstigen Ergebnisse: 1

Anzahl aller möglichen Ergebnisse: 5 (fünf Unterrichtstagetage)

$W = \frac{1}{5}$: Die Wahrscheinlichkeit beträgt 20 %, denn $\frac{1}{5} = 0{,}2$

**164** Anja (A), Bernd (B) und Claudia (C) spielen „Mensch ärgere dich nicht!" Ein Spielausgang könnte sein: Erste: Claudia, Zweiter: Bernd, Dritte: Anja, also CBA.
a) Wie viele unterschiedliche Spielausgänge sind überhaupt möglich?
b) Wie groß ist die Wahrscheinlichkeit, dass Bernd Erster und Claudia Zweite wird?

**165** Zum Gartenfest im Kleingarten-Verein „Frischer Wind" ist ein Glücksrad aufgestellt. Das große Rad von 1 m Durchmesser ist in 6 farbige Sektoren geteilt:
rot (30°): Hauptgewinn (eine Fahrt mit dem Riesenrad)
blau (45°): Gewinn (ein Stück Kuchen)
grün (60°): Trostpreis (ein Päckchen Kaugummi)
weiß (75°), schwarz (75°) und gelb (75°): kein Gewinn
a) Wie groß ist die Wahrscheinlichkeit, den Hauptpreis zu gewinnen?
b) Wie groß ist die Wahrscheinlichkeit, nichts zu gewinnen?

**166** Losbude auf einem Weihnachtsmarkt: Ein Losverkäufer hat seinen Bauchladen frisch mit 1000 Losröllchen gefüllt. Ein Fünftel davon sind Gewinnlose und ein Zehntel Freilose. Der Rest sind Nieten.
a) Wie groß ist die Chance, beim Kauf eines Loses ein Gewinnlos zu ziehen?
b) Nach einiger Zeit sind 25 % aller Lose und 10 % aller Gewinnlose verkauft. Wie groß sind jetzt die Chancen, beim Kauf eines Loses zu gewinnen?

**167** Fünf Schüler aus den 8. Klassen des Städtischen Gymnasiums haben die Norm zur Teilnahme am Kreisausscheid geschafft. Es sind Dieter, Eric, Frank, Gerd und Henry. Die Teilnehmerzahl ist aber pro Gymnasium auf 3 Sportler begrenzt. Der Sportlehrer will das Los entscheiden lassen.
a) Schreibe alle denkbaren Dreiergruppen auf.
b) Wie groß ist die Wahrscheinlichkeit der Teilnahme von Eric, Frank und Dieter?

**168** Ferdinand hat aus einem Kartenspiel einen Joker, einen König, ein As, einen Buben, eine „Zehn" und eine „Sechs" in seiner Hand. Christine darf mit einem Griff zwei Karten ziehen. Wenn sie dabei den Joker erwischt, bekommt sie einen Preis in Form eines leckeren Geburtstagspfannkuchens. Wie groß ist die Wahrscheinlichkeit für diesen Erfolg?

169 Fünf Tauben sitzen eng nebeneinander auf einem Dachfirst. Mit einem Schuss holt Meister Pfiffig eine vom Dach. Wie groß ist die Wahrscheinlichkeit mit einem weiteren, zweiten Schuss, eine zweite Taube vom Dach zu holen?

# Test 8. Klasse

**170** Welche der folgenden Zahlen sind rational? |1|
$-0,\overline{3};\ 3 \cdot \sqrt{3};\ 4\pi;\ 2,51\overline{78};\ -\frac{1}{33}$

**171** Gib den Termwert von $\frac{a-b}{3a}$ für $a = \frac{1}{3}$ und $b = 0,3$ an. |2|

**172** Vereinfache $\frac{4a - 12b}{3a - 9b}$; $a \neq 3b$ |1|

**173** Berechne den Termwert von $(4s - 5t)^2 + 40st - 25t^2$ für $s = -1$ ; $t = 1,5$ |2|

**174** a) Die Differenz aus dem Doppelten von $a$ und der Hälfte von $b$ ist zu quadrieren und durch 2 zu teilen. Stelle den entsprechenden Term auf.
b) Berechne den Wert dieses Term für $a = -0,4$ und $b = 4$. |3|

**175** a) Welchen Anstieg hat eine Gerade g mit der Gleichung $2y - 2,5x - 3 = 0$?
b) Ermittle für die Funktion $y = f(x)$ mit der obigen Gleichung $f(-80)$. |2|

**176** Die Gerade $g$ mit der Gleichung $2,5x - 5y + 30 = 0$ hat mit der Geraden $h$ ($y = -x - 3$) einen Punkt $P$ gemeinsam.
a) Ermittle die Koordinaten von $P$ rechnerisch und zeichnerisch.
b) Die Schnittpunkte beider Geraden mit der $y$-Achse und der Punkt $P$ bestimmen ein Dreieck.
Berechne den Flächeninhalt dieses Dreiecks. |6|

**177** Durch die beiden Punkte $P_1(-2,5\,|\,4)$ und $P_2(3,5\,|\,-2)$ ist die Gerade $g$ in einem Koordinatensystem bestimmt. Es ist die Gleichung derjenigen Geraden $h$ zu ermitteln, die die Nullstelle $x_0 = -2$ hat und parallel zu $g$ verläuft. |5|

**178** Zwei zueinander senkrecht verlaufende Geraden $g$ und $h$ haben den Punkt $S(-2\,|\,-1)$ gemeinsam. $g$ hat die Steigung $m = -0,5$.
a) Gib die Gleichungen beider Geraden an und stelle sie in einem geeigneten Koordinatensystem grafisch dar. |3|
b) Spiegle $g$ an der $x$-Achse und gib die Gleichung von $g'$ an. |3|

**179** Die rund 170 km lange Schnellfahrtstrecke München-Ingolstadt-Nürnberg legt ein Güterzug ohne Zwischenhalt in 108 Minuten zurück.
Ein ICE durchfährt (mit Zwischenhalt) diese Strecke anderthalbmal so schnell.
Mit welcher Durchschnittsgeschwindigkeit (in km/h) fährt der ICE von München nach Nürnberg? |4|

**180** a) Eine Straße mit einer durchschnittlichen Steigung von 7 % überwindet einen Höhenunterschied von 40 m. Wie lang ist diese Straße? |2|

b) Die Straßendecke wird erneuert. Die Kosten für je 10 m liegen bei 2045 €. Berechne die Gesamtkosten für diese Straße. |2|

**181** Gib alle rationalen $x$ an, die Lösungen dieser Ungleichungen sind:

a) $|5x - 1| < 0$ b) $|x - 1| < 1$ |3|

**182** Gegeben ist die Funktion $f(x) = \sqrt{1 - x}$.
Ermittle $f(0)$; $f(0{,}75)$ und $f(-3)$. |2|

**183** Fälle die Lote von $P$ auf $g_1$ und $g_2$. |2|

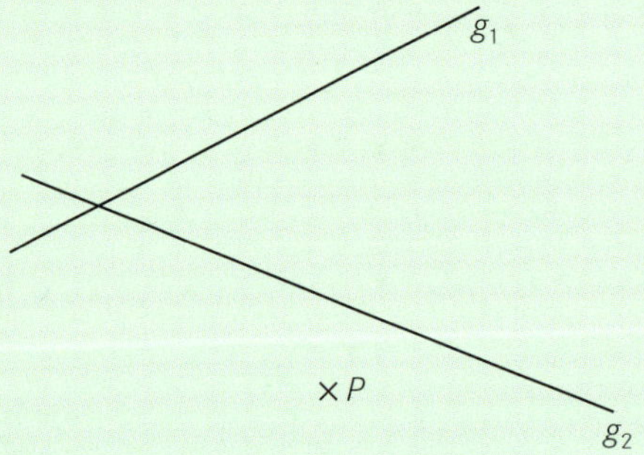


**184** Spiegle das Trapez $ABCD$ an $g$. |2|

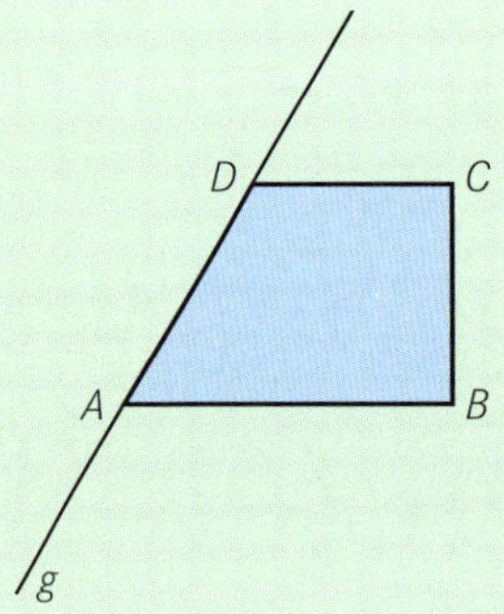


**185** Beim Straßenfest wird das Zahlenlotto „4 aus 20“ gespielt. Wie groß (in %) sind die Chancen für vier richtige Zahlen? |3|

**186** Wie viele dreistellige Zahlen kann man aus den Ziffern 0, 1 und 4 so bilden, dass in jeder solchen Zahl jede der genannten Ziffern genau einmal vorkommt? |2|

# Textaufgaben für die 9. Klasse

## Quadratische Gleichungen

**Lösungsformel**

Normalform: $x^2 + px + q = 0$

Lösung: $x_{1,2} = -\frac{p}{2} \pm \sqrt{\left(\frac{p}{2}\right)^2 - q}$ wenn $\left(\frac{p}{2}\right)^2 - q \geq 0$, sonst keine Lösung.

## Rechnen mit Wurzeln

**Definition**

$\sqrt[a]{b} = c \Leftrightarrow c^a = b; b \geq 0$

**Rechenregeln**

$\sqrt{a} \cdot \sqrt{b} = \sqrt{a \cdot b}; \sqrt{a} : \sqrt{b} = \sqrt{\frac{a}{b}}; \sqrt[m]{b^n} = b^{\frac{n}{m}}; \sqrt[n]{\sqrt[m]{b}} = \sqrt[n \cdot m]{b}; b^{-\frac{1}{n}} = \frac{1}{\sqrt[n]{b}}; b \geq 0$

## Rechnen mit Logarithmen

**Definition**

$\log_b a = c \Leftrightarrow a = b^c$

**Rechenregeln**

$\log_a b + \log_a c = \log_a(b \cdot c)$

$\log_a b - \log_a c = \log_a(b : c)$

$\log_a b^c = c \cdot \log_a b$

$\log_a b = \frac{\ln a}{\ln b}$

## Satz des Pythagoras

**Im rechtwinkligen Dreieck gilt**

$a^2 + b^2 = c^2$

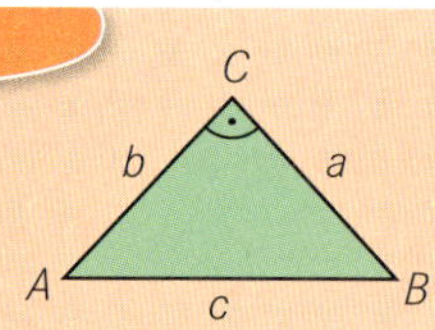

## Ähnlichkeitssatz

Zwei Dreiecke sind einander ähnlich, wenn sie in zwei gleichliegenden Winkeln übereinstimmen.

## Strahlensätze

**Werden zwei Strahlen von zwei parallelen Geraden geschnitten, so gilt**

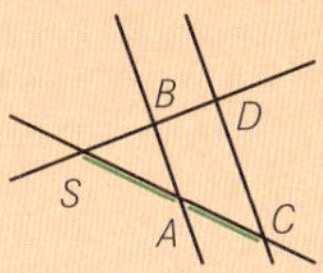


$\frac{\overline{SA}}{\overline{AC}} = \frac{\overline{SB}}{\overline{BD}}$

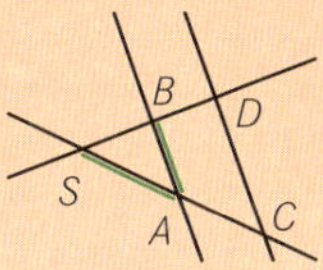


$\frac{\overline{SA}}{\overline{AB}} = \frac{\overline{SC}}{\overline{CD}}$

**Satz des Thales**

Im Halbkreis gilt

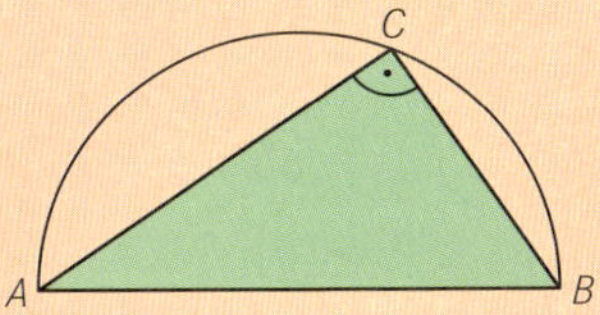


Liegt die Ecke $C$ des Dreiecks $ABC$ auf dem Halbkreis über der Strecke $\overline{AB}$, so ist der Winkel bei $C$ ein rechter.

## Regeln zur Kombination von Wahrscheinlichkeiten

**Pfadregeln**

Werden mehrstufige Zufallsexperimente als Baumdiagramm dargestellt, so gilt für die Kombination der Wahrscheinlichkeiten:

**1. Pfadregel** (Produktregel): Die Wahrscheinlichkeit eines Ergebnisses errechnet man als Produkt der Wahrscheinlichkeiten entlang des zugeordneten Pfades.
$P(E) = p_1 \cdot p_2$

**2. Pfadregel** (Summenregel): Die Wahrscheinlichkeit eines zusammengesetzten Ereignisses ist gleich der Summer der Einzelwahrscheinlichkeiten der Ergebnisse.
$P(E) = P(E_1) + P(E_2) = p_1 \cdot p_2 + q_1 \cdot q_2$

## 5.1 Arithmetische Beweise

**Worum geht es?**

Sollen Aussagen bewiesen werden, so reicht es nicht, einzelne Beispiele auszurechnen und die Aussage damit zu bekräftigen. Vielmehr müssen allgemein gültige Aussagen mit Variablen formuliert und deren Richtigkeit gezeigt werden. (Daneben gibt es natürlich noch zahlreiche weitere Beweistechniken, die hier nicht Thema sind.)

**Was du wissen und können solltest**

▷ Du solltest konkrete Aussagen von allgemeingültigen Aussagen unterscheiden und allgemeine Aussagen mittels Variablen beweisen können.

**Beispiel**

Behauptung: Die Summe von drei aufeinanderfolgenden geraden natürlichen Zahlen ist stets durch 6 teilbar.

Beweis:

1. Überlegung: $n$ ist eine beliebige (also keine konkrete) natürliche Zahl.
2. Überlegung: Dann ist $2n$ eine beliebige gerade natürliche Zahl.
3. Überlegung: Die auf $2n$ folgende gerade natürliche Zahl ist nicht etwa $2n + 1$, sondern $2n + 2$ und die darauf folgende gerade natürliche Zahl ist demnach $2n + 4$.

Formulierung der Behauptung als Term: $2n + 2n + 2 + 2n + 4 = 6n + 6$ ist durch 6 teilbar, das Ergebnis der Division durch 6 ist also eine natürliche Zahl.

$$\frac{6n+6}{6} = \frac{6(n+1)}{6} = n + 1$$

Da $n$ eine natürliche Zahl ist, ist es auch $n + 1$.
Das war zu beweisen.

**Beweise die folgenden Aussagen:**

**187** **$n$ sei eine natürliche Zahl ungleich 0. Das Produkt aus Vorgänger und Nachfolger jeder natürlichen Zahl ist der Vorgänger des Quadrates dieser Zahl.**

**188** **Jeder Vorgänger des Quadrates einer beliebigen ungeraden Zahl größer 1 ist durch 4 teilbar.**

**189** **Die Summe von vier aufeinanderfolgenden ungeraden natürlichen Zahlen ist stets durch 8 teilbar.**

**190** **Der Vorgänger des Quadrates jeder natürlichen Zahl $n$ ($n > 1$) ist stets durch den Vorgänger von $n$ teilbar wenn $n > 0$.**

## 5.2 Quadratische Funktionen und quadratische Gleichungen

### Worum geht es?

Eine quadratische Funktion ist – grafisch dargestellt – eine Parabel. Die Funktionsgleichung kann in zwei Formen dargestellt werden: $y = ax^2 + bx + c$ (Normalform) oder $y = s \cdot (x - d)^2 + e$ (Scheitelpunktform.) Zur Lösung quadratischer Gleichungen gibt es eine Lösungsformel ($pq$-Formel).

### Erinnere dich!

An den Parametern der Parabelgleichung können bereits einige Eigenschaften der Parabel abgelesen werden. Für $y = ax^2 + c$ gilt:
$a > 0$: Parabel nach oben geöffnet
$a < 0$: Parabel nach unten geöffnet
$|a| = 1$: Normalparabel
Der Schnittpunkt mit der $y$-Achse ist $P(0\,|\,c)$
In der Scheitelpunktform gilt für den Scheitelpunkt $S(-d\,|\,e)$

### Was du wissen und können solltest

- ▷ Du kannst quadratische Funktionen darstellen und deren Eigenschaften (Scheitelpunkt, Nullstellen, Verlauf) beschreiben.
- ▷ Du bist sicher im Lösen quadratischer Gleichungen.

### Beispiel

Eine gestreckte Parabel des Typs $y = ax^2 + c$ verläuft durch die beiden Punkte $P_1(-2\,|\,-3)$ und $P_2(4\,|\,0)$.
a) Ermittle die Koeffizienten $a$ und $c$.
b) Stelle den Verlauf des Graphen im Intervall −6 bis +6 grafisch dar.

Lösung:

1. Schritt: Setze die Koordinaten von $P_1$ in die Gleichung ein: I. $-3 = 4a + c$
2. Schritt: Verfahre ebenso mit $P_2$: II. $0 = 16a + c$
3. Schritt: Löse das Gleichungssystem aus I. und II: II. – I.: $3 = 12a$

   $a = \frac{1}{4}$; $c = -4$

   $y = 0{,}25x^2 - 4$
4. Schritt: (zur Lösung von b)): Die Parabel ist nach oben geöffnet, gestaucht, der Scheitelpunkt liegt bei $S(0\,|\,-4)$, die Nullstellen sind $x_{01} = 4$ und $x_{02} = -4$.

## 5.2.1 Quadratische Funktionen

**191** Die Punkte $S_1(-4\,|\,-4)$ und $S_2(2\,|\,2)$ haben die Parabel mit der Gleichung $y = f(x) = ax^2 + c$ und die Gerade $g_1$ mit der Gleichung $y = g_1(x) = m_1x + n_1$ gemeinsam.

a) Ermittle die Koeffizienten $a$, $c$, $m_1$ und $n_1$.

b) Zeichne die Graphen beider Funktionen.

c) Durch den Punkt $S_2$ verläuft auch die Gerade $g_2$ ($y = g_2(x) = m_2x + n_2$) und zwar senkrecht zur Geraden $g_1$. In welchem Punkt schneidet $g_2$ die Parabel? (Löse zeichnerisch und rechnerisch.)

**192** Die beiden Parabeln $y = f_1(x) = a_1x^2 - 4$ und $y = f_2(x) = a_2x^2 + 2$ haben bei $x_{01} = -2$ und $x_{02} = +2$ gemeinsame Nullstellen.

a) Ermittle die Gleichungen beider Parabeln und stelle sie in einem geeigneten Koordinatensystem dar.

b) Die beiden Nullstellen und die beiden Scheitelpunkte der Parabeln sind die Eckpunkte eines Vierecks.
Um was für ein Viereck handelt es sich?
Berechne den Flächeninhalt dieses Vierecks.

## 5.2.2 Quadratische Gleichungen

**193** Die Hypotenuse $c$ des rechtwinkligen Dreieck $ABC$ ist 13,0 cm lang. Die beiden Katheten unterscheiden sich in ihrer Länge um 7 cm. Wie lang ist jede einzelne der beiden Katheten?

**194** Die Summe der Quadrate dreier aufeinanderfolgender natürlicher Zahlen ist 1202. Wie heißt die 2. Zahl?

## 5.3 Ähnlichkeit und die Satzgruppe des Pythagoras

**Was du wissen und können solltest**

Du solltest

- ▷ den Hauptähnlichkeitssatz für Dreiecke
- ▷ die Strahlensätze und
- ▷ den Satz des Pythagoras

kennen und anwenden können. Dabei musst du die Sätze nicht auswendig wissen, wenn du dich in deiner Formelsammlung gut zurecht findest. Wenn du außerdem weißt, dass bei zueinander ähnlichen Dreiecken das Verhältnis gleichliegender Seiten übereinstimmt, musst du auch nicht alle Strahlensätze auswendig können.

**195** Gegeben ist ein Rechteck *ABCD*, dessen eine Seitenlängen $\overline{AB} = a = 6{,}0$ cm beträgt. Eingezeichnet sind die Diagonale $\overline{AC}$ (Länge 65,0 mm) und das Lot *s* von *B* auf $\overline{AC}$.

a) Stelle den Sachverhalt in einer Skizze dar.

b) Berechne die Länge von *s*.

**196** In einem rechtwinkligen Dreieck *ABC* ($\beta = 90°$) wird die Mittelsenkrechte $m_{\overline{AC}}$ eingezeichnet. Es gilt: $\overline{AB} = 8{,}4$ cm, $\overline{BC} = 3{,}5$ cm.

a) Stelle den Sachverhalt in einer Skizze dar.

b) Wie lang ist die Mittelsenkrechte (gemessen in ihren Schnittpunkten mit $\overline{AB}$ und $\overline{BC}$?

**197** Ein symmetrischer Dachbinder in Leichtbauweise (Aluminiumstahl) hat die in der Skizze angegebenen Maße. Gib die Längen der Streben *u* und *v* an. Runde sinnvoll.

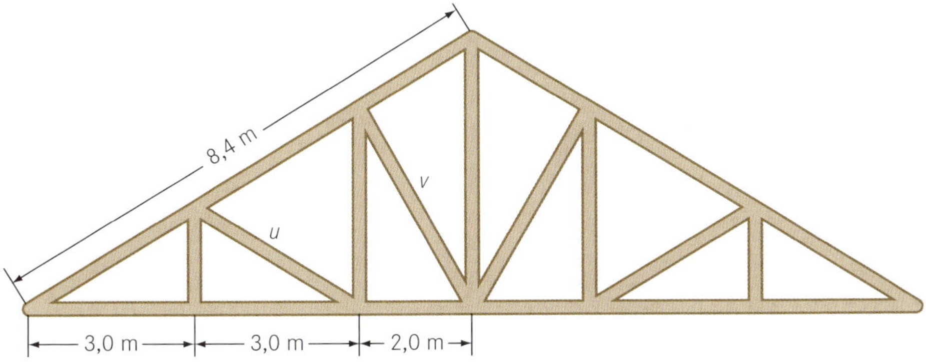


**198** Auf der Geraden *g* mit der Gleichung $2{,}5x - 1{,}5y - 4{,}5 = 0$ liegt der Punkt $P(12\,|\,y_1)$ und auf der Parabel *p* ($y = x^2 - 1{,}25$) der Punkt $Q(x_2\,|\,1)$, $x_2 > 0$.
Berechne die Streckenlänge $\overline{PQ}$.

## 5.4 Mehrstufige Zufallsversuche

### Worum geht es?

Werden mehrere Laplace-Versuche hintereinander durchgeführt, so müssen die Ergebnisse kombiniert werden. Dabei ist es wichtig zu beachten, ob (und wenn ja wie) die Wahrscheinlichkeiten für den Ausgang eines weiteren Experiments von dem Ergebnis eines vorangegangenen abhängen.

### Was du wissen und können solltest

- ▷ Du solltest die Pfadregeln zur Kombination von Wahrscheinlichkeiten kennen (Produktregel und Summenregel).
- ▷ Du kannst Baumdiagramme aufstellen und interpretieren.

**199** Eine Münze wird dreimal geworfen.
Ermittle die Wahrscheinlichkeit dafür, dass (1) zweimal nacheinander Wappen (W) erscheint und (2) höchstens zweimal W erscheint.

**200** In einer Lostrommel sind noch 5 Lose: ein Gewinn (G), ein Freilos (F) und drei Nieten (N). Es werden zwei Lose gekauft und entnommen. Stelle die Wahrscheinlichkeit jedes Ereignisses fest, benutze das untenstehende Baumdiagramm.

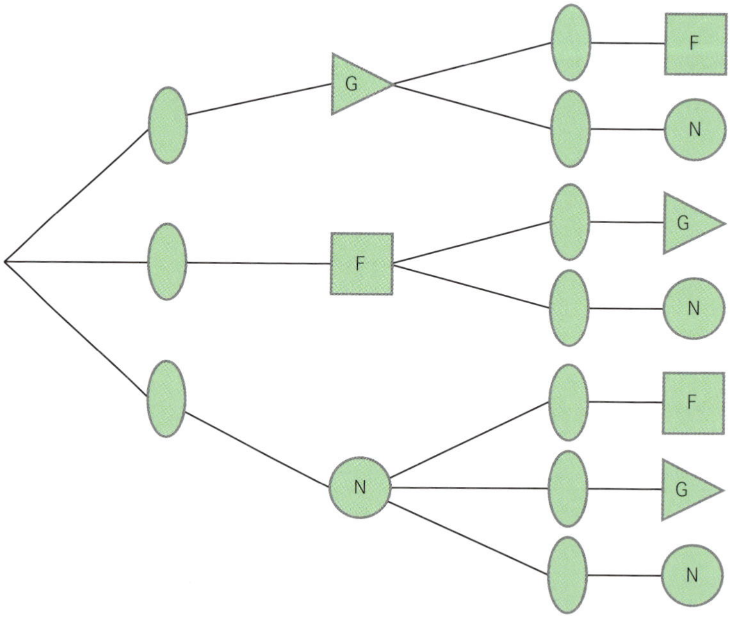

201 Wie groß ist die Wahrscheinlichkeit, dass ein Teilnehmer am „Mensch-ärgere-dich-nicht"-Spiel viermal nacheinander eine 6 würfelt?

202 Wie groß ist die Wahrscheinlichkeit während einer Tombola bei einem Kinderfest durch den Kauf von 4 Losen 3 Gewinne zu erzielen, wenn zu Beginn 30 Gewinne und 30 Nieten in der Lostrommel sind?

# Test 9. Klasse

**203** Berechne den Wert des folgenden Terms für $x = -1$.

$\frac{x^2 - 9}{x + 3} + \frac{x^2 + 6x + 9}{x + 3}$ $(x \neq -3)$ |2|

**204** Gegeben ist: $r = 1 + s$; $0 < s < 1$.

Gilt a) $r^2 - s^2 < 0$

b) $r^2 - s^2 = 0$

c) $r^2 - s^2 > 0$ ? |2|

**205** Beweise, dass der Vorgänger vom Quadrat einer ungeraden natürlichen Zahl stets durch 4 teilbar ist. |3|

**206** Die Summe von $a$ und $b$ ist um 4 größer als die Differenz beider Zahlen. Nenne mindestens 3 Lösungspaare $(a;b)$. $a$ und $b$ sind reelle Zahlen. |2|

**207** $ABC$ ist ein Dreieck. Für die Innenwinkel $\alpha$, $\beta$ und $\gamma$ gilt: $\beta : \gamma : \alpha = 1 : 2 : 3$. Wie groß ist $\alpha$? |1|

**208** $ABCD$ ist ein Rechteck. Wie lang ist $x$? (Die Skizze ist nicht maßstabsgerecht.) |2|

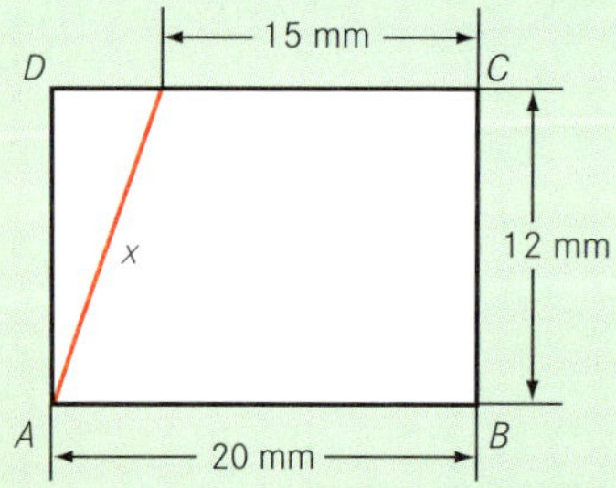


**209** $ABC$ ist ein rechtwinkliges Dreieck ($\alpha = 90°$). $\overline{RS}$ ist parallel zu $\overline{AB}$ und es gilt: $\overline{RC} = 12$ m, $\overline{AR} = 5$ m, $\overline{AB} = 8{,}5$ m.

Berechne die Längen der Strecken $\overline{RS}$ und $\overline{BC}$. |3|

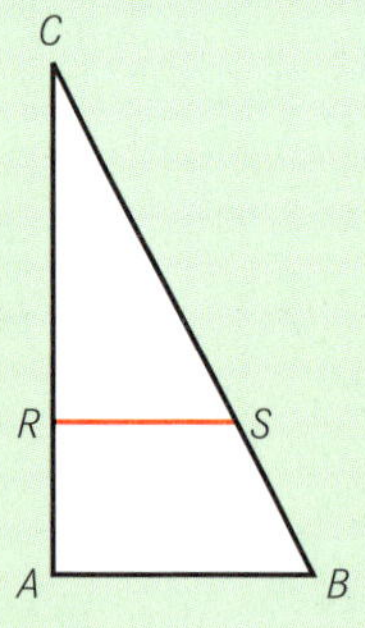

**210** Wie groß ist die Wahrscheinlichkeit, aus einem Lostopf mit 12 Gewinnen, 20 Freilosen und 148 Nieten nacheinander zwei Lose zu ziehen und dabei zuerst ein Gewinnlos und danach ein Freilos zu erhalten? |3|

**211** Ein Würfel hat ein Volumen von 27 dm³. Berechne die Summe seiner Kantenlängen. |2|

**212** Gegeben ist die Funktion $y = f(x) = (x - 1)^{-\frac{1}{2}}$. Gib den Definitionsbereich dieser Funktion an. |1|

**213** Konstruiere einen Rhombus (eine Raute) $ABCD$ aus $\overline{AB} = 5{,}5$ cm und $\overline{AC} = 8{,}8$ cm. |4|

**214** Berechne $x$ und $y$. |2|

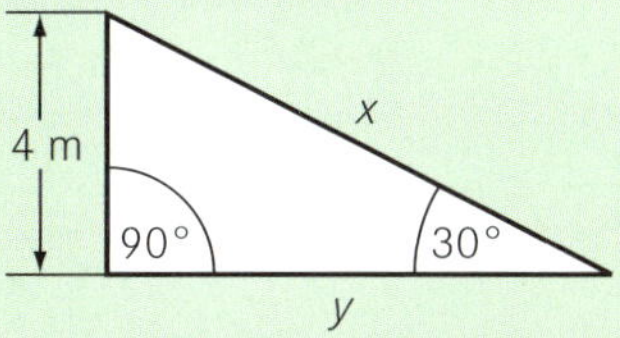


**215** Gib $y$ in Abhängigkeit von $x$ als Funktion an. Nenne den Definitions- und den Wertebereich dieser Funktion. |6|

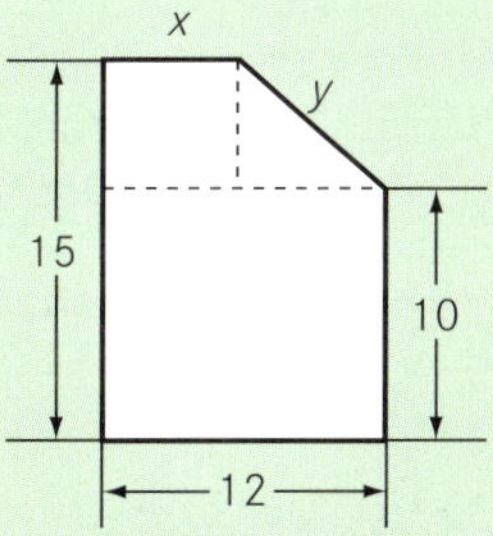


**216** Eine Parabel hat mit einer Geraden $g$ ($g$: $y = x - 1$) die beiden Schnittpunkte $P_1(1\,|\,0)$ und $P_2(4\,|\,3)$.

a) Ermittle die Gleichung der Parabel in der Form $y = x^2 + px + q$.

b) Stelle den Sachverhalt in einem geeigneten Koordinatensystem grafisch dar und überprüfe deine Aussagen. |6|

**217** Die Parabel mit der Gleichung $y = f(x) = x^2 + 2$ und die Parabel mit der Gleichung $y = f(x) = ax^2 + c$ schneiden einander in den Punkten $P_1(-1\,|\,y_1)$ und $P_2(1\,|\,y_2)$.

a) Ermittle $y_1$, $y_2$, sowie die Koeffizienten $a$ und $c$.

b) Berechne den Flächeninhalt $A$ des Vierecks, das durch die Punkte $P_1$ und $P_2$, sowie die Scheitelpunkte beider Parabeln bestimmt ist. |5|

**218** Wie groß ist der Schnittwinkel zwischen den beiden Geraden
$g_1$ ($y = f_1(x) = x - 2$) und $g_2$ ($y = f_2(x) = -x + 2$)? |2|

**219** Um den in der Skizze dargestellten Höhenunterschied auszugleichen, wird auf 4 m Breite Splitt angeschüttet.

a) Wie viele Kubikmeter Splitt werden dazu gebraucht?

b) 1 m³ Splitt hat eine Masse von 2,1 t. Zum Transport des Splittes wird ein LKW eingesetzt, der 10 t laden kann. Wie viele Fahrten sind nötig? |6|

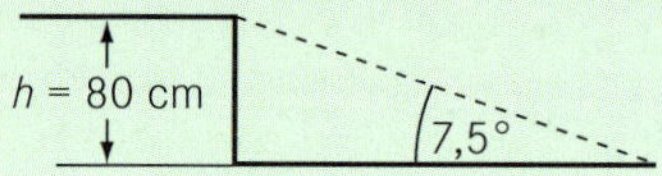

# Textaufgaben für die 10. Klasse

## Exponentielles Wachstum

**Eine Messgröße wächst oder zerfällt mit einer gleichbleibenden Rate**

$G_0$: Messgröße am Anfang

$G_n$: Messgröße nach $n$ Zeiteinheiten (z. B. Jahren)

$n$: Zeit in der gewählten Zeiteinheit

$p\%$: Wachstums- oder Zerfallsrate in Prozent

$$G_n = G_0\left(1 \pm \frac{p}{100}\right)^n$$

## Trigonometrie im rechtwinkligen Dreieck

**Beziehungen zwischen Winkeln und Seiten**

$$\sin\alpha = \frac{\text{Gegenkathete von }\alpha}{\text{Hypotenuse}} = \frac{a}{c}$$

$$\cos\alpha = \frac{\text{Ankathete von }\alpha}{\text{Hypotenuse}} = \frac{b}{c}$$

$$\tan\alpha = \frac{\text{Gegenkathete von }\alpha}{\text{Ankathete}} = \frac{a}{b}$$

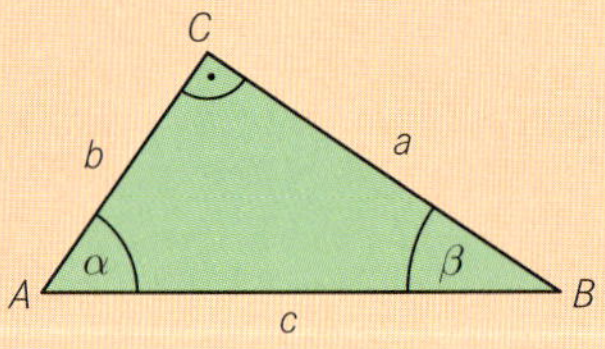


## Sinussatz

**In jedem Dreieck gilt**

$$\frac{\sin\alpha}{a} = \frac{\sin\beta}{b} = \frac{\sin\gamma}{c}$$

## Kosinussatz

**In jedem Dreieck gilt**

$$a^2 = b^2 + c^2 - 2bc\cdot\cos\alpha$$

$$b^2 = a^2 + c^2 - 2ac\cdot\cos\beta$$

$$c^2 = a^2 + b^2 - 2ab\cdot\cos\gamma$$

## Besondere Werte der trigonometrischen Funktionen

### Werte für besondere Winkel

| | | |
|---|---|---|
| $\sin 0° = 0$ | $\cos 0° = 1$ | $\tan 0° = 0$ |
| $\sin 30° = 0{,}5$ | $\cos 30° = \frac{1}{2}\sqrt{3}$ | $\tan 45° = 1$ |
| $\sin 45° = \frac{1}{2}\sqrt{2}$ | $\cos 45° = \frac{1}{2}\sqrt{2}$ | $\tan 90° = \infty$ |
| $\sin 60° = \frac{1}{2}\sqrt{3}$ | $\cos 60° = 0{,}5$ | $\tan 180° = 0$ |
| $\sin 90° = 1$ | $\cos 90° = 0$ | $\tan 135° = -1$ |
| $\sin 180° = 0$ | $\cos 180° = -1$ | $\tan 225° = 1$ |
| $\sin 270° = -1$ | $\cos 270° = 0$ | $\tan 270° = \infty$ |

## Rechnen mit Geraden

### Spiegelung an den Achsen

$g: y = mx + b$
Spiegelung von $g$ an der $x$-Achse: $g_1: y = -mx - b$
Spiegelung von $g$ an der $y$-Achse: $g_2: y = -mx + b$

### Winkel zwischen Gerade und x-Achse

$\tan \alpha = m$

### Parallel und senkrecht

Zwei Geraden $g_1$ und $g_2$ sind parallel, wenn ihre Steigungen gleich sind: $m_1 = m_2$
Zwei Geraden $g_1$ und $g_2$ stehen senkrecht aufeinander, wenn das Produkt ihrer Steigungen gleich −1 ist: $m_1 \cdot m_2 = -1$.

### Flächeninhalt eines beliebigen Dreiecks

Sind zwei Seiten $a$ und $c$ sowie der eingeschlossene Winkel $\beta$ bekannt, so gilt:
$A = a \cdot c \cdot \sin\beta$

**Aufgabensammlung**

Die folgenden Aufgaben ähneln im Niveau den Aufgaben der Abschlussprüfungen nach der zehnten Klasse. Sie decken aber nicht den gesamten Prüfungsstoff aller Bundesländer ab.

## 6.1 Lineare Funktionen

**220** Gegeben ist eine Gerade $g_1$ durch ihre Nullstelle $x_0 = 4$ und ihren Schnittpunkt mit der $y$-Achse $P_y(0\,|\,6)$. Eine zu $g_1$ parallele Gerade $g_2$ geht durch den Punkt $Q(4\,|\,3)$.

a) Zeichne beide Geraden in ein geeignetes Koordinatensystem.

b) Gib die Gleichungen für $g_1$ und $g_2$ an.

c) Berechne den Flächeninhalt des Trapezes, das von folgenden Eckpunkten bestimmt ist: $(4\,|\,0)$; $(6\,|\,0)$; $(0\,|\,6)$ und $(0\,|\,9)$.

**221** Gegeben ist die Gleichung einer Geraden $g_1$ mit $3{,}6x - 1{,}2y - 6 = 0$.

a) Zeichne $g_1$ in ein geeignetes Koordinatensystem und berechne deren Nullstelle.

b) Spiegle $g_1$ an der x-Achse und gib die Funktionsgleichung dieser Geraden $g_2$ an.

## 6.2 Lineare Gleichungssysteme

**222** Die Differenz aus dem Dreifachen einer rationalen Zahl und dem Sechsfachen einer weiteren Zahl ergibt –3. Die beiden Zahlen verhalten sich zueinander wie 7:5. Berechne beide Zahlen.

**223** Die Gärtnerei Friedrich bietet auf dem Wochenmarkt (neben weiterem Gemüse) Tomaten der Sorte A (1 kg kostet 2,20 €) und der Sorte B (1 kg kostet 1,80 €) an. Zum Marktschluss sind insgesamt 53 kg Tomaten verkauft und brachten einen Erlös von 105,40 €.
Wie viele Kilogramm jeder Tomatensorte wurden verkauft?

## 6.3 Quadratische Funktionen und Quadratische Gleichungen

**224** a) Zeichne das Bild der Funktion $y = f_1(x) = x^2 - 4$ mittels Schablone in ein geeignetes Koordinatensystem.

b) Verschiebe den Scheitelpunkt von $f_1$ in den Punkt $P(5\,|\,1)$ und zeichne die dazu gehörende Parabel $f_2$ in dasselbe Koordinatensystem.

c) Gib die Gleichung von $f_2$ an.

d) Berechne die Schnittpunktkoordinaten von $f_1$ mit $f_2$.

**225** Gegeben ist eine Parabel $p_1$ durch die Gleichung $y = -0{,}25x^2 + 1$.

a) Zeichne die Parabel in ein geeignetes Koordinatensystem und spiegele diese anschließend an der $x$-Achse.

b) Gib die Gleichung der Parabel $p_2$ an.

c) Berechne den Flächeninhalt des Rhombus (der Raute) mit den folgenden Eckpunkten: Nullstellen und Scheitelpunkte beider Graphen.

**226** Aus rechteckigem Stahlblech (siehe Skizze, die Maße sind in Zentimeter) werden oben offene Kästen hergestellt. Dazu schneidet man die quadratischen Ecken aus und biegt die seitlichen Rechtecke nach oben. Das schraffierte Rechteck ist dann die Grundfläche des Quaders. Diese Fläche soll 400 cm² groß werden.
Wie ist dazu die Größe von $x$ zu wählen?

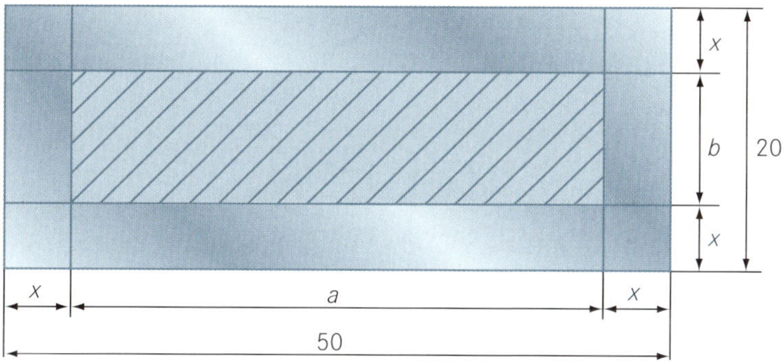


## 6.4 Geometrie

**227** In dem unten skizzierten Körper sind gegeben: $\overline{AB} = \overline{BC} = 7{,}5$ cm; $\overline{AJ} = \overline{DK} = 6{,}0$ cm; $\overline{AE} = \overline{BF} = \overline{CG} = \overline{DH} = 12{,}0$ cm.

a) Zeichne den Körper $ABCDJK$ im Maßstab 1 : 2 in Zweitafelprojektion.

b) Berechne den Oberflächeninhalt $A_0$ und das Volumen $V$ des Körpers $ABCDJK$.

c) Wie viel Prozent vom Volumen des Gesamtkörpers $ABCDEFGH$ macht das Volumen des Körpers $ABCDJK$ aus?

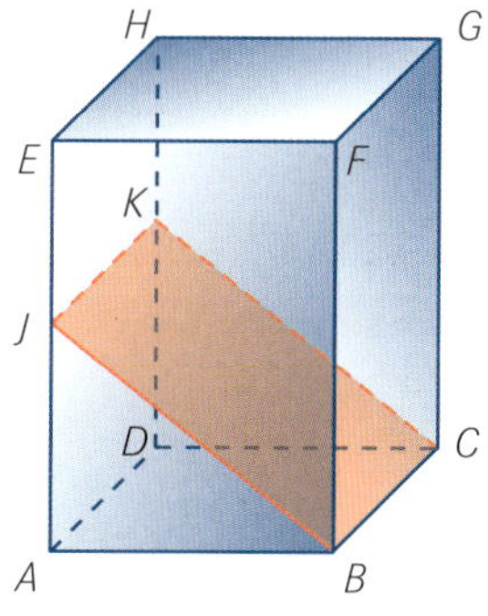

**228** Die unten skizzierte Figur ist aus zwei Trapezen mit folgenden Seitenlängen zusammengesetzt: $a$ = 23,0 cm ; $b = c$ = 15,0 cm; $d$ = 5,0 cm; $e$ = 27,0 cm. (Die Skizze ist nicht maßstabsgerecht.)

a) Gib eine Formel für den Flächeninhalt $A$ der Figur $ABEFD$ unter Verwendung der Variablen an.

b) Berechne den Umfang $u$ dieser Figur.

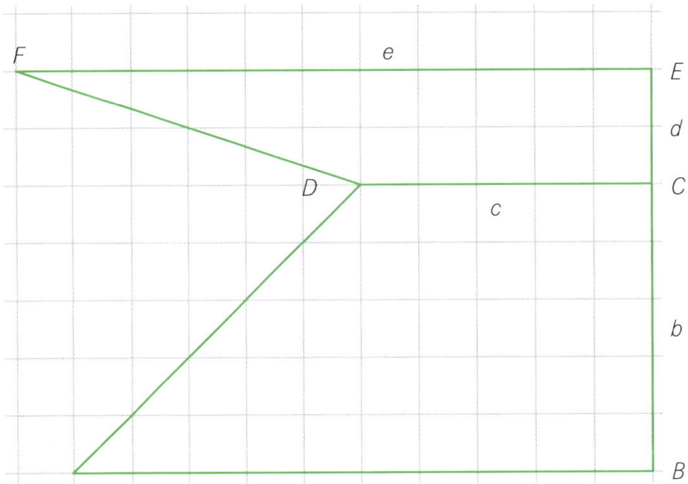


**229** Diese Steilklippe hat eine Höhe $h$ von 75 m über dem Wasserspiegel. Schätze die Masse des Leuchtturmes ohne Fundament und ohne die Kuppel und ihre optischen Instrumente. (Die Wände und Decken sind aus Ziegeln der Dichte 2 kg/dm$^3$.) Mache für unbekannte Größen realistische Annahmen.

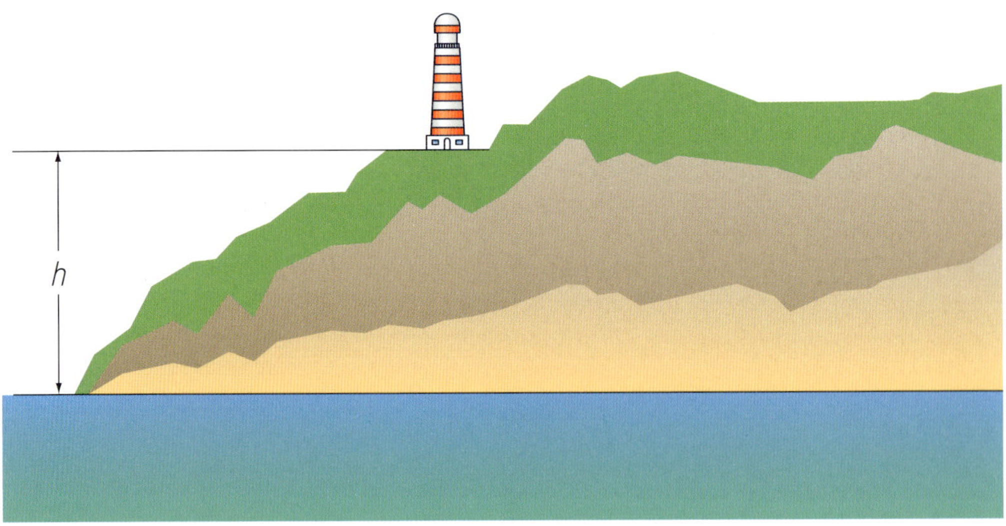

## 6.5 Schiefwinklige Dreiecke

**230** Ein Kreuzfahrschiff fährt den gradlinigen Kurs AB. Zur Kontrolle wird von A und von B das Funkfeuer in S angepeilt. Dabei werden die folgenden Winkel bestimmt: Winkel BAS = 49,2°; Winkel ABS = 72,1°. Von A nach B wurden 6,8 sm zurückgelegt.

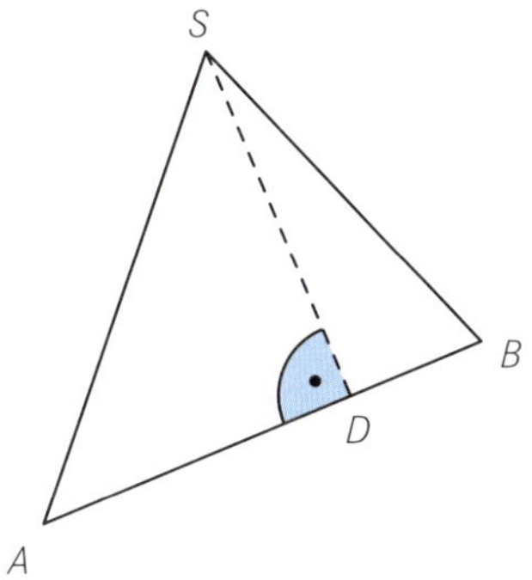


a) Wie weit ist das Schiff in *B* von *S* entfernt?

b) In welcher kürzesten Entfernung $\overline{DS}$ passiert das Schiff auf seiner Fahrt das Funkfeuer?

**231** Auf dem Gipfel eines Berges befindet sich ein Sendemast von 50,8 m Höhe. Die Spitze dieses Turmes wird von einem Punkt der Horizontalebene unter einem Erhebungswinkel von 23,6° und der Fußpunkt unter einem Winkel von 19,8° angepeilt. Welche Höhe hat der Berg?

## 6.6 Exponentielles Wachstum

**232** Eine vor 4 Tagen in einem Labor angesetzte Pilzkultur hat aktuell eine Masse von 10 g. Pro Tag wächst sie um 12,5 %.

a) Berechne die Anfangsmasse.

b) Stelle die Masseentwicklung vom Tage 0 bis nach 8 Tagen in einem geeigneten Koordinatensystem grafisch dar.

c) Nach wie vielen Tagen – vom Tage 0 an gerechnet – übersteigt die Masse der angesetzten Kultur 100 g?

# Test 10. Klasse

**233** Berechne die reellen Zahlen $x$ und $y$ ($x \neq y$) im Gleichungssystem
(I) $x^2 - y^2 = 15{,}75$, (II) $x + y = -3{,}5$. |3|

**234** Die Differenz aus dem Zehnfachen einer rationalen Zahl und dem Fünffachen einer weiteren Zahl ergibt $-\frac{20}{3}$, die Summe der Zahlen ist $\frac{1}{3}$. Um welche Zahlen handelt es sich? |4|

**235** Berechne die Zahlen $A$, $B$ und $C$, wenn gilt:
(I) $A + B + C = 1{,}5\sqrt{3}$, (II) $A + B = \sqrt{3}$, (III) $A + C = 2{,}5\sqrt{3}$ |3|

**236** a) Zeichne die Gerade $g_1$ mit der Funktionsgleichung $0{,}7x - 1{,}4y - 7 = 0$ in ein geeignetes Koordinatensystem.
b) Spiegle $g_1$ an der $x$-Achse und gib die Gleichung von $g_2$ an.
c) Spiegle $g_1$ und $g_2$ an der $y$-Achse und gib die Gleichung ihrer Spiegelbilder an. |5|

**237** Warum hat $y = f(x) = 1 + \sqrt{x}$ keine Nullstellen? |1|

**238** $ABC$ und $CBD$ sind rechtwinklige Dreiecke.
Ferner gilt: $\beta = 30°$, $\delta = 30°$, $\overline{AC} = 30{,}0$ cm. Wie lang ist $\overline{BD}$? |2|

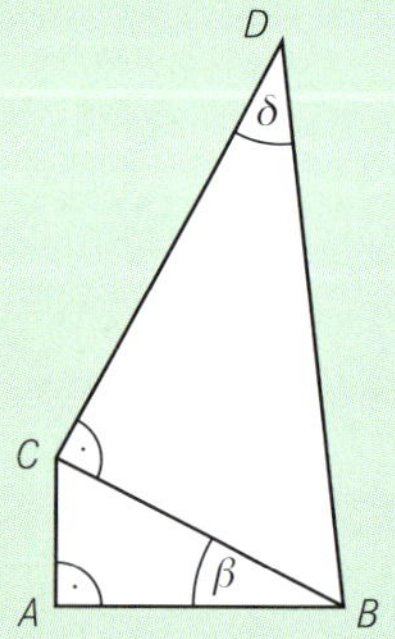


**239** Von einer ehemals rechteckigen Stahlplatte der Stärke $0{,}01a$ wurde eine Ecke abgetrennt.
a) Gib das Volumen dieser Platte als Funktion von $a$ an.
b) Berechne das Volumen für $a = 200$ mm. |4|

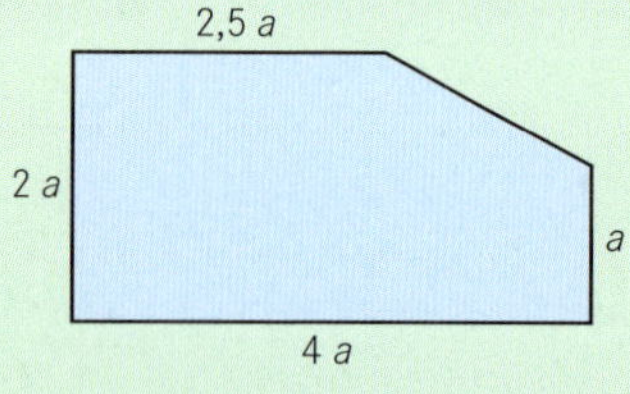

**240** Gib $x$ als Funktion von $a$ an. |2|

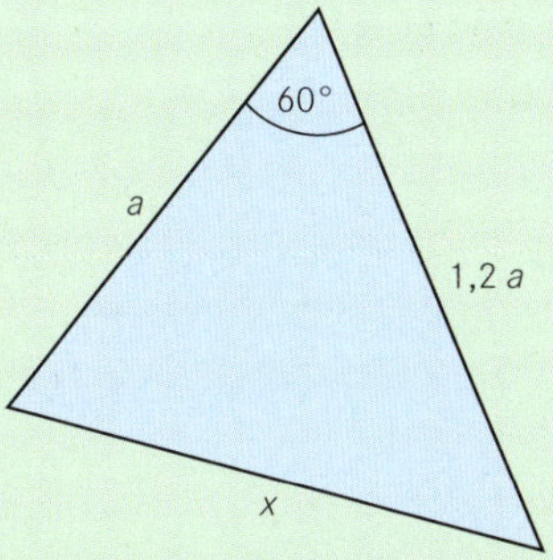


**241** Berechne die Größe des Winkels $\beta$ ($0° < \beta < 90°$) für $\frac{\sin \beta}{\tan \beta} + \cos \beta = \sqrt{3}$ |2|

**242** Ein Quader hat eine Grundfläche von 40 cm · 15 cm und ein Volumen von 6 000 $cm^3$. Berechne den Inhalt einer der beiden kleinsten Seitenflächen. |2|

**243** Es gilt $\beta = 75°$, alle Längenmaße sind in mm. Berechne den Flächeninhalt der schraffierten Fläche. |4|

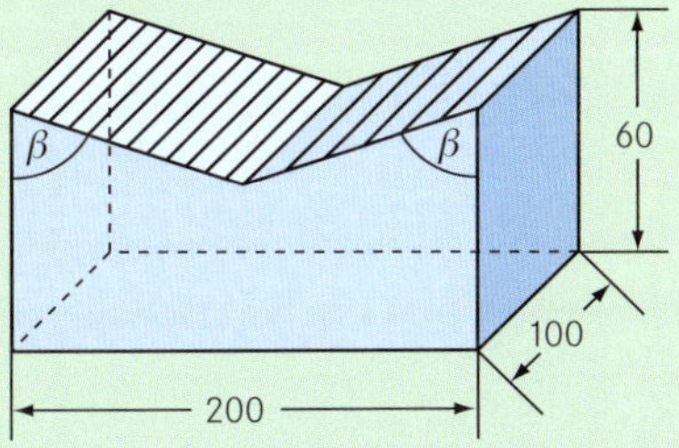


**244** Ein Waldgebiet hat die in der Skizze angegebenen Maße.
Berechne den Flächeninhalt in Hektar. |6|

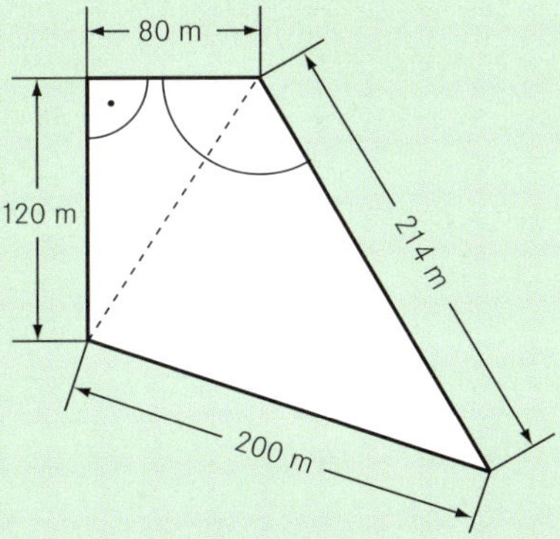

**245** Berechne die Schnittpunktkoordinaten von $y = f(x) = \sqrt{x - 2}$ mit der Geraden $y = g(x) = 2 - x$ und überprüfe deine Ergebnisse durch eine grafische Darstellung. |4|

**246** Berechne die Schnittpunktkoordinaten von $y = f(x) = \frac{2}{x}; x \neq 0$ mit $y = g(x) = x + 1$. |3|

**247** Im Winterschlussverkauf werden ein Paar Skistiefel zunächst um ein Drittel im Preis gesenkt und eine Woche später noch einmal zum vorhergehenden Preis um ein Viertel im Preis gemindert. Wie viele Prozent beträgt die Preissenkung insgesamt? |2|

**248** Die Buchhandlung „Thesis" erhält eine Lieferung von 25 Romanen. Der eine Titel kostet 7,80 €, der andere ist 2 € teurer. Die Gesamtkosten der Lieferung betragen 213 €.

a) Wie viele Bücher jeder Sorte wurden geliefert?

b) Die Buchhandlung schlägt auf diesen sogenannten „Einkaufpreis" eine Handelsspanne von 18 % und die Mehrwertsteuer von 7 % auf.

Wie teuer ist nun jedes einzelne dieser Bücher im Verkauf? |5|

**249** Hannes hat beim „Mensch-ärgere-dich-nicht-Spiel" schon 27-mal keine „6" gewürfelt, um einen Stein raus setzen zu können. Wie groß ist die Wahrscheinlichkeit, beim 28. Wurf eine „6" zu werfen? |1|

**250** Frische Kräuterpflanzen verlieren beim Trocknen kontinuierlich täglich 12 % ihrer Masse.Es wurden 12 kg Kräuter zum Trocknen gegeben. Nach wie vielen Tagen ist der Tee auf 10 % seiner Ausgangsmasse zusammengetrocknet? |4|

# Her mit den besseren Noten!

Diese Lernhilfen schaffen die Grundlage für das erfolgreiche Bewältigen des Klassenziels im Gymnasium. Das Kernprogramm für MATHEMATIK 5. – 10. Klasse:

- Je ein Band pro Fach, Jahrgang und Schulform
- Alle wichtigen, lehrplanrelevanten Inhalte eines Schuljahrs
- Jede Menge Übungen und Tests
- Mit separatem Lösungsheft zur Selbstkontrolle oder für die Eltern

| **Besser in Mathematik • Gymnasium** | **ISBN 978-** |
|---|---|
| 5. Klasse | 3-589-22660-3 |
| 6. Klasse | 3-589-22662-7 |
| 7. Klasse | 3-589-22664-1 |
| 8. Klasse | 3-589-22755-6 |
| 9. Klasse | 3-589-22757-0 |
| 10. Klasse | 3-589-22846-1 |
| 5. – 10. Klasse \| **250 Textaufgaben** | 3-589-23126-3 |

Außerdem liegen Titel für folgende Fächer vor:

- Deutsch
- Englisch
- Französisch
- Latein
- Spanisch
- Physik

*Fragen Sie bitte in Ihrer Buchhandlung oder im gut sortierten Fachhandel.*

Cornelsen
SCRIPTOR

# Steck den Pauker in die Tasche!

| **Pocket Teacher** | **ISBN 978-3-589-** |
|---|---|
| Biologie | 22788-4 |
| Chemie | 22778-5 |
| Deutsch • Aufsatz | 22928-4 |
| Deutsch • Grammatik | 22782-2 |
| Deutsch • Rechtschreibung und Zeichensetzung | 22781-5 |
| Englisch • Grammatik | 22783-9 |
| Erdkunde | 22929-1 |
| Französisch • Grammatik | 22785-3 |
| Geschichte: Von der Antike bis 1789 | 23044-0 |
| Geschichte: Von 1789 bis heute | 22786-0 |
| Latein • Grammatik | 22784-6 |
| Mathematik • Algebra | 22773-0 |
| Mathematik • Formelknacker | 22775-4 |
| Mathematik • Gleichungen und Funktionen | 22774-7 |
| Mathematik • Geometrie | 22930-7 |
| Musik | 22787-7 |
| Physik | 22779-2 |
| Physik/Chemie • Formelknacker | 22776-1 |
| Politik und Sozialkunde | 23045-7 |
| Referate | 22931-4 |
| Religion | 22981-9 |
| Spanisch | 22932-1 |
| Wirtschaft | 23046-4 |

*Fragen Sie bitte in Ihrer Buchhandlung oder im gut sortierten Fachhandel.*

Cornelsen
SCRIPTOR